博碩文化

博碩文化

博碩文化

資料分析師與工程師必讀的技術及職涯實戰指南

dbt 與 Analytics Engineering 實戰手冊

從零打造現代資料分析架構及專業職涯

謝秉芳（Karen Hsieh）

黃郁豪（Bruce Huang）

韓衣錦（Michael Han）

羅可涵（Stacy Lo）著

第一本 dbt 繁體中文書

重現資料團隊挑戰，見證 dbt 改變資料文化

dbt 由淺入深	動手操作	資料分析必備	打造資料文化
dbt Cloud 及 dbt Core 實作應用	附範例、語法、操作截圖	資料品質及建模最佳實踐	資料團隊現代化經典案例

2023 iThome 鐵人賽 優選

iThome 鐵人賽

作　　者：謝秉芳（Karen Hsieh）、黃郁豪（Bruce Huang）
　　　　　韓衣錦（Michael Han）、羅可涵（Stacy Lo）
責任編輯：黃俊傑

董 事 長：曾梓翔
總 編 輯：陳錦輝

出　　版：博碩文化股份有限公司
地　　址：221 新北市汐止區新台五路一段 112 號 10 樓 A 棟
　　　　　電話 (02) 2696-2869　傳真 (02) 2696-2867

發　　行：博碩文化股份有限公司
郵撥帳號：17484299　戶名：博碩文化股份有限公司
博碩網站：http://www.drmaster.com.tw
讀者服務信箱：dr26962869@gmail.com
訂購服務專線：(02) 2696-2869 分機 238、519
（週一至週五 09:30 ～ 12:00；13:30 ～ 17:00）

版　　次：2024 年 11 月初版一刷

建議零售價：新台幣 720 元
I S B N：978-626-414-021-8
律師顧問：鳴權法律事務所 陳曉鳴律師

本書如有破損或裝訂錯誤，請寄回本公司更換

國家圖書館出版品預行編目資料

dbt 與 Analytics Engineering 實戰手冊：從零
打造現代資料分析架構及專業職涯 / 謝秉
芳 (Karen Hsieh), 黃郁豪 (Bruce Huang),
韓衣錦 (Michael Han), 羅可涵 (Stacy Lo)
著 . -- 初版 . -- 新北市：博碩文化股份有限
公司 , 2024.11

面；　公分 . -- (iThome鐵人賽系列書)

ISBN 978-626-414-021-8(平裝)

1.CST: 資料處理 2.CST: 資料探勘

312.74　　　　　　　　　　　113016324

Printed in Taiwan

歡迎團體訂購，另有優惠，請洽服務專線
博 碩 粉 絲 團　(02) 2696-2869 分機 238、519

打造資料驅動的組織及文化

身為一個開發者工具的軟體工程師，我深深體會到合適的工具，會徹底改變一個產業、創造新的協作文化。在軟體開發，那些自動化、促進協作的工具早已是日常，加速了我們的進步和創新。

現在，資料工程領域也正在經歷類似的變革。像 dbt（data build tool）這樣的工具出現，正將資料分析帶往下一個階段。dbt 把軟體工程的原則，例如模組化和版本控制，應用到資料工作流程中，讓資料轉換變得更容易上手、更有效率。這個新的典範正在簡化資料處理流程，讓更多不同背景的人都能參與進來，使得資料的價值更快被發掘、應用。

本書探討了資料存取的普及化和培養資料驅動文化的重要性，搭配實務的「頂台小籠包」案例說明資料團隊的演進，以及常見的問題。透過讓團隊裡的每個人都能存取和理解資料，組織能在平日靠資料累積直覺，並在決策時參考資料行動。像 dbt 這樣的工具被迅速採用，以前所未有的速度推動了這種轉變。

然而，採用新工具只是旅程的一部分。成為一個真正資料驅動的組織，需要全方位的改變，包括文化和組織結構。本書提供了實用的策略，幫助你打破障礙、促進合作，將資料思維融入組織的每個角落。

透過真實的案例和深入的見解，作者將引導你有效地導入 dbt，營造一個資料驅動的環境。無論你是資料處理的老手，還是剛入門的新手，本書都會提供你所需的知識和工具，帶領你的組織進入以資料引導決策的未來。

我們正處在一個重要的時刻，資料被寄予讓 AI 更完善的厚望。我們需要有像 dbt 這樣的革新工具，加速我們處理和理解資訊的方式。擁抱這些工具和隨之而來的文化轉變，將使你的組織站在這場變革的最前線。

高嘉良 (CL Kao)

Recce, CEO

打造卓越數據團隊的全方位指南

Analytics Engineering 在台灣仍是一個相對陌生的領域。能看到台灣有這樣一本深入淺出的書籍出版，無疑是所有數據、軟體從業者的福氣。《dbt 與 Analytics Engineering 實戰手冊》不僅填補了繁體中文世界在這個領域的空白，更為推動產業的數據文化發展做出了重要貢獻。

我與本書作者之一 Karen 共事多年。作為 iCook 愛料理的共同創辦人和技術長，我深知數據分析對於企業決策和產品開發的重要性。正是基於這種認知，當我在 2019 年發現 dbt 這個強大的數據轉換工具時，我迫不及待地與團隊分享。然而，我沒有預料到的是，Karen 不僅迅速掌握了 dbt，更將其發揮到了極致，甚至使之成為她職業生涯的一大亮點。從產品經理到數據專家，再到 dbt 社群的活躍貢獻者，Karen 的成長歷程本身就是一個激勵人心的範例。

就如同我和 Karen 過往的合作所展現的，成功的 Analytics Engineering 不僅僅是單個產品經理或工程師的事，更是一個需要團隊協作的領域。這本書透過虛構的「頂台小籠包」數據團隊案例，生動展示了如何在實際工作中應用各種數據概念和工具。這種方法不僅使複雜的技術變得易於理解，更重要的是，它展示了如何將這些概念應用到實際的業務場景中，並且提供了決策的背景與考量，讓大家得以參考學習這背後的心法。

這種跨領域的視角在書中得到了充分的體現，使得這本書不僅適合技術人員閱讀，也非常適合產品經理、商業分析師等角色參考。從 dbt 的基礎應用，到深入的數據建模、數據品質管理，再到團隊協作和數據文化建設，這本書涵蓋了打造優秀數據團隊所需的全方位知識。

無論你是數據分析師、工程師又或是產品經理，對於任何希望在數據驅動的未來保持競爭力的專業人士來說，這本書都是一本不可多得的指南。它不僅教會你如何使用 dbt，更重要的是教會你如何思考數據，如何打造具有彈性的分析架構，以及如何在團隊中推動數據文化。

Richard Lee

TNL Mediagene 技術長

Google Developer Expert - Firebase

本書是第一本以 dbt 為主軸的 Analytics Engineering 繁體中文書，內容改編自 2023 年第 15 屆 iThome 鐵人賽 AI & Data 組優選系列文章《被 dbt 帶入門的數據工作體驗 30 想》以及團隊夥伴作品《如何借助 dbt 優化當代資料倉儲及資料工程師的水肥之路分享》、《實用 Modern Data Stack：資料架構案例分析與分享》、《dbt：告別過時的 SQL 開發流程》。

過去十年間，資料產業迅速發展，催生許多新興工具，同時也重新定義資料相關角色的分工。本書四位作者從不同的身份和視角出發，分享如何透過 dbt 實踐 Analytics Engineering。首先討論 Analytics Engineering 的誕生背景：它源自於科技的進步、企業對資料需求的提升，技術發展所帶來的資料工作流程和資料文化的轉變。接下來將由淺入深地示範 dbt 實作，並介紹學習 Analytics Engineering 不可不知的重要觀念。最後，本書還將探討，如何打造資料團隊、建立資料文化，以及作為一名資料人，應該如何思考和規劃自己的職涯。

作者自序

謝秉芳（Karen Hsieh）

因為用 Excel 處理數字已經讓檔案慢到打不開，開始摸索才找到 SQL，又因為把 SQL 語法貼在 Notion 上紀錄很痛苦，CTO 看不下去教我 dbt，才開啟這一切的旅程。從 data consumer 的 PM，學習處理資料的能力成為 data producer，加速我探索及驗證的速度，更能看到產品及 users 的事實以提出觀點。這過程太有趣，除了對原本 PM 工作有幫助，也了解更多 data products 及概念，還因此成立 Taipei dbt Meetup 社群，一路被推坑，才有 2023 年的鐵人賽及這本書的誕生。

Analytics engineering 跟 dbt 其實在 2016 年就開始萌芽，我在 2020 年才用到，Taipei dbt Meetup 社群在 2022 年成立。歷史沒有很久，但發展得很快，2023 年開始感受到台灣更多公司開始思考資料文化，也開始評估 dbt。

我很喜歡 dbt Labs 之前的 slogan：「Transform Data, Transform Team」用資料揭露更多資訊、分享出來的同時，也在形塑公司的資料文化。

期待這本書能讓讀者感受到資料文化如何發生，搭配適合自己的工具引領團隊的 data-informed 文化。

黃郁豪（Bruce Huang）

投入資料領域的初衷，源自於我對資料探索的熱愛。隨著經驗的累積，我逐漸發現，除了分析資料，如何幫助公司透過資料創造價值同樣至關重要。在這個過程中，我逐步轉向資料生命週期的前端，最終確立了資料工程師的角色。目標也隨之變得明確：如何幫助企業高效率產出高品質的資料。

2022 年，團隊發現 dbt 這個在國外已經廣泛應用的開源工具。經過三個月的深入研究後，團隊決定將其導入於資料工程團隊的 data pipeline。dbt 不僅提高了資料轉換的效率，也讓我們能在同一個專案中靈活檢查資料的品質。為了記錄這段導入過程，我在 2023 年參加了鐵人賽，並以文章形式分享 dbt 的心得。現在，透過這本書，希望能與大家交流 dbt 的重要概念及資料品質管理的議題，期盼讀者能有所收穫，並期待大家能加入 Taipei dbt Meetup，一同交流分享。

韓衣錦（Michael Han）

我本身是從資料科學與分析工作開始入行的，在 2020 年為了解決工作上遇到關於 SQL 模板的問題，第一次接觸 dbt。那時候覺得 dbt 的功能與設計很有趣，但因為我在一家大企業工作，沒辦法正式採用到工作上。2021 年我到新加坡的一家新創公司當資料部門主管，從頭開始建立 Data Team，馬上決定用 dbt 作為公司的主要框架。由於當時 dbt 的企業用戶不多，我開始幫忙組織 Singapore dbt Meetup，後來順勢轉換到一家資料顧問公司，專門幫助企業轉型使用像 dbt 這類的現代資料工具。

dbt 現在正在迅速成為現代 Data Team 的基本工具之一。雖然台灣還沒那麼多人使用，但我覺得這是進入資料文化、行業的一個很好的起點。希望可以透過本書分享我的一些經驗，也希望和大家一起發展中文圈 dbt 和資料的社群！

羅可涵（Stacy Lo）

2022 年底，我的公司決定將報表資料庫打掉重練，從源頭的資料提取、儲存、轉換、到最後的 BI 解決方案，整個架構都要重新設計。評估舊流程的痛點以及團隊的技能，我們選用 dbt 作為資料轉換工具。dbt 讓我們能繼續使用 SQL 來轉換資料，同時融入軟體最佳實踐，打造更穩固、更具彈性的資料架構。

導入的過程很有趣也很辛苦。接觸新工具很新鮮，但只靠官方文件自學的過程卻常常卡關。為了求助，我加入社群和大家交流。獲得了不少幫助後，我也希望回饋社群，貢獻自己的一點點力量，除了單純分享經驗外，更希望能讓 dbt 在台灣及繁體中文圈得到更多關注。

帶著這樣的想法，參加了 2023 年的 iT 邦鐵人賽，寫了 30 篇介紹 dbt 的文章。在此，也非常感謝博碩文化的協助，讓我們能將 dbt 以書籍的形式再次介紹給大家。

▌本書核心內容

本書將帶你從基礎到專業，一步一步學習 dbt 及 Analytics Engineering 的觀念。這邊先簡單介紹 dbt 及 Analytics Engineering，後面專門的章節會更詳細說明。

dbt 是什麼？

dbt 三個字母為「data build tool」的縮寫，是一個以 SQL 為基底的開源資料轉換工具 [1]，在大家常提到的 ETL（Extract 提取、Transform 轉換、Load 載入）或 ELT（Extract 提取、Load 載入、Transform 轉換）中屬於 T。它是由 dbt Labs 的前身公司 Fishtown Analytics 於 2016 年開發的開源專案，旨在將軟體最佳實踐 [2] 帶入資料專案中，用更少的力氣打造更高的資料品質。

Analytics Engineering 是什麼？

分析工程師（Analytics Engineer）這個職稱首次出現在 2019 年，由國外知名資料社群 Locally Optimistic 所提出。因為採用 Modern Data Stack（MDS，現代資料棧）的資料工作者，發現自己的工作範疇已經跨越了傳統的資料工程師（Data Engineer）及資料分析師（Data Analyst ），因此發明「分析工程師」這個新職稱。

Analytics Engineering（分析工程）是隨著技術發展而演化出的新技能。由於雲端儲存價格大幅下降，資料處理方式開始從 ETL 轉成 ELT，以及各種資料工具的進步，使得原本資料工程（Data Engineeing）資料提取及載入的技術門檻大幅降低。然而，資料轉換的複雜度卻持續提升，讓資料轉換的技能變得更加被重視。同時，模組化、測試、版本控制等軟體工程的常用概念也被帶入分析工作，讓分析流程更加工程化，因應而生新興領域：分析工程。

分析工程師的角色，是因應分析流程而生的工程需求，不僅僅負責資料轉換，更重要的是建立一套高品質、可維護的資料架構。他 / 她可以是新創資料團隊的第一人，也可以是規模較大的資料團隊中，擔任資料分析團隊及資料工程團隊的橋樑。

---

1   Open source data transformation tool

2   Software development best practices

目標讀者

希望採用 Modern Data Stack 的 Data Practitioners（資料實踐者），不論是：

- **Data Consumers**（資料消費者）

  - 資料使用者，雖然沒有參與資料的生命週期，但對資料、報表有好奇心、想知道資料轉換成資訊的過程、喜歡動手操作。

  - 可能是行銷、Sales、PM、財務、營運人員等，各種在工作上經常參考資料的角色。

- **Data Producers**（資料製造者）

  - 負責資料轉換資訊的過程，想嘗試新工具，解決原本資料流程遇到的痛點。

  - 可能是 Data Analyst、Data Scientist、Business Analyst 等各種分析師，或者 Data Engineer、被抓來支援 Data 的 Software Engineers 等各種工程角色。

如何閱讀本書

本書分為 5 個部分

1. **dbt 及 Analytics Engineering**：介紹 dbt 及 Analytics Engieering 的誕生，再回頭說明哪些科技演變，又是如何影響資料技術演化，才逐漸讓 Modern Data Stack 誕生。

2. **介紹 dbt Cloud、dbt Core 及實際操作**：本書透過杜撰的頂台小籠包資料團隊資料草創情境，除了在介紹觀念時作為案例，更讓讀者理解為什麼需要 Analytics Engineering 及 dbt。帶你使用快速好上手的 dbt Cloud 搭配 BigQuery、GitHub，從無到有建立一個 dbt 專案。

   接下來，用頂台小籠包舉例遇到哪種狀況，需要重新評估 dbt Core 及 dbt Cloud。再帶你使用開源版本的 dbt Core 及 VS Code（Visual Studio Code），在本機開發 dbt 專案。

3. **實用資料觀念及最佳實踐**：想具備專業的 Analytics Engineering 技能及知識，你必須知道 Data Quality（資料品質）、Data Modeling（資料建模）、Reverse ETL（反向 ETL）、Data Vault（資料金庫）等觀念，本書會搭配案例讓你更容易理解。

4. **建立資料團隊及資料文化**：透過頂台小籠包的資料團隊打造過程，帶出建立資料團隊時該注意的事項，以及如何塑造資料文化。

5. **打造你的資料職涯**：跟著頂台小籠包的故事主角明宏，在資料團隊成長的過程，進一步規劃自己的資料職涯。

▌範例程式及學習資源

操作範例皆提供畫面截圖、語法，希望你能跟著動手做。語法都在 GitHub 上供你下載使用。你可能看到許多新名詞，什麼是 dbt Cloud、什麼是 BigQuery ？本書都有線上資源供你參考。

▌建議具備的基礎知識

以下基礎知識無法在本書內一一教學，但不用擔心，即使不具備也不會影響你閱讀本書。可以先用看故事的方式閱讀，事後再參考書上的教學資源學習，待你補上基礎知識後，就可以跟著操作了。

- **SQL**：dbt 是一個以 SQL 為基底的資料轉換工具，因此若你有 SQL 資料轉換的經驗，就能更快上手 dbt。以下列出建議你先具備的 SQL 知識：

  - 懂得撰寫基本的 select 語法，包含 where 子句、group by、inner join 和 left join。

  - 知道什麼是子查詢（Subquery）和 CTE（Common Table Expression）。

  - 了解什麼是 table 和 view。

- **Git 工作流程**：dbt 的其中一個目的是解決傳統 SQL 專案缺乏版本控制的問題，開發 dbt 專案的流程將大量使用到 Git。雖然不需要精通 Git 指令，但希望你能了解 Git 的概念，才能更快了解 dbt 的開發流程。以下是一些建議具備的 Git 知識：

- 什麼是 git pull、git commit、git push。

- 分支（Branch）、PR（Pull Request）以及 merge。

- **英文**：本書作為入門，會盡可能但不勉強的用繁體中文撰寫。然而英文是國際通用語言，dbt Cloud 的介面以及官方文件皆為英文，且許多專有名詞不適合翻譯成中文。希望你不要排斥英文，多閱讀是很好的練習。

- **懂得動手操作以及自己解決問題**：本書會帶著你從 dbt Cloud 開始一步一步操作，過程中或許會卡關，你必須懂得閱讀錯誤訊息、查資料、或尋求社群資源。此外，Ch5 開始也會示範如何在本機安裝開源的 dbt Core，如果你曾經使用 VS Code、甚至安裝 Python 專案的經驗，將能更快上手。

線上資源

 https://github.com/dbt-local-taipei/dbt-book-01/blob/main/chapter-00/00-01-02_resources.md

若尚未具備基礎知識，可以參考以下線上資源，用你習慣的方式學習。

網址請到我們的 GitHub Repository 中取得。

- SQL 學習資源

  - Introduction to SQL：英文學習網站 Datacamp，需登入，部份內容免費。

  - SQL Tutorial：BI 軟體 MODE Analytics 所提供的英文學習資源。

- Git 學習資源

  - 為自已學 Git：中文免費學習資源，作者高見龍。

  - About Git：GitHub 官方英文學習資源。

- BigQuery 學習資源

  - BigQuery for Data Warehouse：Google 官方英文資源。

- 社群也是很好的學習資源，歡迎加入 dbt Slack community 來 #local-taipei 提問。

目錄

PART 1 dbt 及 Analytics Engineering

01 dbt 及 Analytics Engineering

PART 2 介紹 dbt Cloud、dbt Core 及實際操作

02 頂台小籠包和 Jaffle Shop

03 開始使用 dbt Cloud

04 在 dbt Cloud IDE 上開發

05　在本機使用 dbt Core

06　dbt 指令功能介紹及操作案例

PART 3　實用資料觀念及最佳實踐

07　資料品質管理

08　dbt 專案架構以及資料建模（Data Modeling）

09 進階資料建模實用案例：用 dbt 實作 Data Vault

PART 4　建立資料團隊及資料文化

10　建立資料團隊

11 發展資料文化

PART 5　打造你的資料職涯

12　頂台小籠包首位分析工程師明宏的資料職涯

13 你需要加入資料社群

A　結語及附錄

dbt 及
Analytics Engineering

從 dbt 及 Analytics Engineering 的誕生開始說起,再回
頭說明早期的資料環境及科技進步,如何造就資料演化,
以及 Modern Data Stack 的誕生。

dbt 及 Analytics Engineering

在資料的世界有許多名詞、觀念你可能聽過但不甚了解，本章希望有架構的給你一個全局，從 dbt 及 Analytics Engineering 開始，帶你回頭理解資料技術在過去的幾十年如何演化，以及什麼是現代資料棧（MDS，Modern Data Stack）。你會發現這一切都順應時空背景，科技進步讓我們對資料的期待及應用提升，技術就自然往這方面演化，dbt 及 analytics engineering 當初也是這樣誕生。讓我們從 dbt 說起。

1-1 dbt 與 Analytics Engineering 的誕生

dbt：讓資料分析師也能採用軟體工程師的 Best Practices

dbt（data build tool，全小寫），是一個以 SQL 為基底的開源資料轉換工具，在大家常提到的 ETL（Extract 提取、Transform 轉換、Load 載入）或 ELT（Extract 提取、Load 載入、Transform 轉換）中屬於 T 的角色。dbt 起源於 Tristan Handy 在前一份工作 RJMetrics 時萌芽的小專案，2016 年離開後，與 Drew Banin、Yevgeniy Meyer 共同成立 Fishtown Analytics 資料顧問公司，仍持續打造這個專案方便自家公司使用，後來開放為開源軟體，也就是 dbt Core。

他們在處理資料的經驗中發現，如果是一人資料團隊，大部分的分析工作沒什麼問題，你熟悉所有資料、了解意義，也清楚資料怎麼被處理的；但團隊一但擴大，多人協作就會開始產生問題，每個人對資料的定義不盡相同、處理方式也各異。那該怎麼辦呢？軟體工程師對此已經有解法，他們有能夠協作、快速迭代，又能確保品質的工作方法。因此 dbt 的目標是提供一個工具，讓資料分析師可以像軟體工程師那樣工作，例如：版本控制、測試、支援多環境開發。

從一開始，Fishtown Analytics 就 100% 使用 dbt，自己就是最典型的使用者：非軟體工程師背景，在中小型公司負責資料團隊，願意學習新技術，也樂於交流、互相切磋。一開始只有一小群人在用，因為太好用了，使用過的人即使換工作到下一間公司，也會將 dbt 帶過去，經過口耳相傳的擴散，dbt 形成強大的

社群。2019 年付費版本 dbt Cloud 推出，Fishtown Analytics 也在 2020 年將公司改名為 dbt Labs，代表公司轉型全力發展 dbt。

與傳統分析工作流程最大的區別在於，透過 dbt，讓分析師的工作工程化：將分析內容模組化、可測試，讓分析語法輕便、可重複使用。原本每次分析一個問題就要寫一長串 SQL 或 Python，用完就丟；然而，轉變成工程方式的工作流程，能將你的知識（如何分析的想法）與更多人協作、留存之後重複使用、迭代更新。就像工程師可以一起看 code 討論，dbt 將 SQL sinppet 轉成 data model，讓分析師可以一起看著 SQL 切磋想法。除此之外，有了版本控制更方便討論及更新，可以引用別人或自己過去寫過的語法，還可以加上測試、檢查等。

▌Analytics Engineer，dbt 大力推廣的新興職位

於是這些 dbt 的熱愛者，開始發現自己的工作內容有所轉變，不再是原本只做報表和分析的「資料分析師」，而會開始注意更多事情：如何將資料準備好更方便分析、也方便其他人或分析工具接續使用、如何透過測試和模組化，用更少力氣打造更順暢的資料流程。

「我的工作內容不只是產生報表。財務跟行銷團隊都可以自己產生報表。我每天的工作主要是寫 SQL 實作商業邏輯、驗證資料以及寫文件。我使用的工具不只是 Excel、主要使用 dbt、GitHub 還有 VS Code，我還是個資料分析師嗎？」

這樣的工作內容，雖然和原本的資料分析職位有差異，但也不算是專注於技術的資料工程師。橫跨且介於資料分析師和資料工程師之間，和兩者又有許多不同。由於這些原因，出現了這個新興的資料職稱：分析工程師（Analytics Engineer）。2019 年由 Michael Kaminsky 在 Locally Optimistic 社群發表 The Analytics Engineer 一文開始，接著由 dbt Labs 持續推廣，2022 年被 Business Insider 報導，大公司如 Amazon、Apple 都在招募這個炙手可熱的新職位。dbt Labs 也從 2022 開始，每年都發布調查「State of Analytics Engineering」，統計職位數量、在各大洲的薪資，工作技能及挑戰等。

▌重視技能而非職位

雖然職位名稱很重要,但你應該要更重視技能及工作內容。想做好一個職位,有應具備的技術(techniques)及能力(skills)。

- **技術**:具體的方法與工具,指在工作或任務中使用的特定操作方式或手段。

- **能力**:知道如何選擇,並在適當的時機使用正確的技術,來達成該職位的工作要求。

資料相關的職位分很多種,不是每家公司都可以做到每個職位有一個人專職負責。希望你知道有這三大類技能,且不是壁壘分明,邊界其實是模糊且重疊的。雖然新增了 analytics engineer 的職位,但在台灣還不常見,且資料職位還是滿混亂的,可能在這家公司的 data analyst 做著 analytics engineering 的事情,另外一家公司的 data engineer 也做著 analytics engineering 的工作。因此建議你考慮自己的專長、希望多學習哪些,以及你所在的公司現在需要哪些技能來發展。

本書也會以技能為主,介紹 analytics engineering 需要使用 dbt 及了解的相關技術、知識。以下是三個領域主要用到的技術及能力:

Data Engineering	Analytics Engineering	Data Analysis
• 資料載入 　(ETL/ELT Processes) • 資料清理 　(Data Cleaning) • 架構整個資料管線 • 資料庫管理 • 雲端資料架構	• 規劃資料建模 • 負責資料轉換 • 負責資料管理 • SQL 能力	• 資料探索及分析 • 資料視覺化 　(Data Visualization) • 資料報告製作
• 資料更新速度及穩定度 • 成本控制及效率	• 與團隊溝通及協作能力 • 協助 data consumers 使用在 BI 工具上查詢資料	• 與 data consumers 合作,了解他們的需求 • 提供分析及見解 • 溝通與解釋資料的能力

　　大致來說，data engineering 重視的是資料架構、pipeline 管理及穩定、確保資料更新、注重成本控制及效率等。Analytics engineering 則是結合商業邏輯及技術，有效的抽取商業邏輯，讓其他分析師或 data consumers 容易理解並自行採用資料，同時也會協助自助式資料工具的教學、對齊資料邏輯。Data analysis 則是熟悉負責的商業領域，看數字、製作圖表、報表，挖掘可用的洞察（Insights）。三種領域任你挑選，本書將以 analytics engineering 為主軸繼續介紹。

 分享

> dbt 的開始是受到軟體工程的啟發，希望讓資料分析師可以像軟體工程師那樣工作。但從 2016 年發展到今年 2024，發現分析工程還是有獨特之處，有些軟體工程的最佳實踐無法完全適用，資料產業現在應該也有能力，可以發展屬於自己的分析工程最佳實踐。
>
> Tristan 在 2024 年 9 月提出 The Analytics Development Lifecycle（ADLC），雖然仍有參考 Software Development Lifecycle（SDLC）的架構，但列出許多特屬於分析工程的建議，期待這是一個起點，帶動業界討論。

線上資源

 https://github.com/dbt-local-taipei/dbt-book-01/blob/main/chapter-01/01-01-01_resources.md

- Building a Mature Analytics Workflow：説明 dbt 的起源。

- The Analytics Engineer：最早發表 Analytics Engineer 的文章。

- Goodbye RJMetrics, Hello Fishtown Analytics：説明 dbt Labs 前身公司的成立。

- Business Insider 報導：A single startup's success led to the creation of 'analytics engineer,' the hottest new tech job that's paying as much as $200,000 and is highly in demand at companies like Apple and Amazon。

- What is Analytics Engineering：說明 Analytics Engineer 的起源。

- 2024 State of Analytics Engineering：2024 年 dbt Labs 做的 Analytics Engineering 調查。

- 參考其他 Analytics Engineer 的故事：Adam Stone。

- The Analytics Development Lifecycle (ADLC)：Tristan 提出分析工程的開發流程。

1-2 資料環境演化

　　所謂鑑古知今，本節將會帶你理解從 1970 年代開始的資料環境，先有哪些技術，再因為哪些新技術的突破，帶來作法及觀念的轉變。你會從中發現，許多工具、觀念的誕生都順理成章，一切都是因應時代需求而生，才會在 2013 年因為雲端出現讓現代資料棧誕生。

▌資料儲存和運算的基礎：關聯式資料庫及 SQL

　　1970 年代初期，資料管理迎來一場革命性的變革：關聯式資料庫（Relational Database）。當時，隨著企業資料量的增長，傳統的資料儲存方式顯得越來越笨重和難以管理。Edgar F. Codd 提出一種全新的資料組織方式，將資料儲存在表格中，這些表格由行和列組成，每個表格（或「關係」）中的資料可以根據一定的規則建立關聯。這種關聯模型（Relational Model）與過去的層次式或網絡式資料庫（Hierarchical Database Model）結構相比，具有更強的靈活性和可擴展性。資料不再需要存放在固定的層級結構中，可以根據需求自由查詢和組合，使得資料的使用變得更加直觀和有效率。

　　隨著關聯式資料庫模型的出現，對於如何與這些資料庫進行互動的需求也變得更加迫切。為了解決這問題，結構化查詢語言（SQL，Structured Query Language）應運而生。SQL 的語法設計簡單易懂，類似於自然語言，即便是非技術人員也能夠輕鬆上手。透過 SQL，使用者可以用簡單的命令來進行複雜的資料操作，無需了解資料庫底層的儲存及運算機制。於是 SQL 成為管理關聯式資料庫的主要媒介，提供統一的方法來查詢、插入、更新和刪除資料。SQL 的誕生不僅提高資料管理的效率，也大大降低資料處理的門檻，推動關聯式資料庫的廣泛應用。

　　關聯式資料庫及 SQL 的發明解決了當時的資料處理困境，直到今日，這些概念仍是資料領域的重要支柱，繼續影響我們如何儲存、查詢和利用資料。

資料處理系統：OLTP vs. OLAP

　　隨著資料環境的演進和複雜度的增加，資料處理系統分化為兩大類：線上交易處理（OLTP）系統專注於即時交易，線上分析處理（OLAP）系統則聚焦於複雜的資料分析。兩者在資料結構、查詢方式和性能要求上有很大的差異，但卻緊密相連，共同構成了完整的資料管理體系。

OLTP

　　1970 初期崛起的關聯式資料庫是屬於 OLTP（Online Transaction Processing）系統，專注於即時性的交易處理，支援企業的日常營運。例如：銀行的帳務資料、電商後台的訂單及庫存資料、航空公司的票務資料。這些操作處理的資料稱為「營運資料」（Operational Data），儲存在結構化的營運資料庫（Operational Database）中，方便快速取用、更新。OLTP 系統的設計旨在保證交易操作的快速性和可靠性。為實現這個目標，OLTP 系統通常使用高度正規化的關聯模式來確保資料的一致性和完整性。

　　舉例來說，電商平台在顧客下訂單時，需要即時查詢資料庫的最新庫存狀態。一旦顧客確認訂單，系統會將訂單資訊新增至資料庫，並同時更新商品的庫存數量。這整個過程必須極其快速，才能提供流暢的購物體驗。你應該無法接受

下一筆訂單要看著網頁轉 2 分鐘，才知道訂單是否成立。除了速度，資料庫操作的可靠性也很重要。若庫存資料不準確，可能導致超賣或缺貨的情形發生，會影響企業營運及顧客滿意度。再想像一個情境，當商品庫存僅剩最後一件時，同時有兩位顧客下單，資料庫的機制要如何確保只有一位顧客成功購買？處理這些議題就是 OLTP 系統的設計重點。

📋 分享

交易（Transaction）的定義

在日常交談中，我們說的「交易」通常指的是人們之間的互動或交換，就像在商店買東西或者跟朋友借東西一樣。而在電腦科學裡，特別是在資料庫領域，這個詞則有個更專業的意思。

在資料庫中，一個「交易」是指一個要被可靠執行的「完整工作單位」，它可能包括很多步驟，例如：從資料庫裡加入、改變或者刪除資料。

這個「交易」必須遵守一些規則，以確保資料庫的一致性和完整性。這些規則通常總結為「ACID 屬性」，這樣就能保證資料庫的運作更加穩定可靠：

- Atomicity（原子性）：確保交易中的所有操作都全部完成或全部不完成。

- Consistency（一致性）：確保資料庫在交易之前和之後保持一致的狀態。

- Isolation（隔離性）：確保交易的操作與其他交易隔離。

- Durability（持久性）：確保提交的交易效果在系統故障時仍永久存在。

🗄 OLAP

到了 1990 年代，隨著企業日常營運開始累積大量資料，如何有效利用這些資料成為焦點話題，引發了 OLAP（Online Analytical Processing）系統的發展。相對於 OLTP 系統支援企業的日常營運，OLAP 系統則是針對複雜的查詢和資料分析需求而設計，旨在支援企業的商業智慧（BI）和戰略決策。

OLAP 系統處理的資料稱為「分析資料」（Analytics Data），通常儲存在多維資料庫（OLAP Database）中，這些資料庫使用多維結構和高級算法來進行資

料分析。例如：電商平台可能會每天計算有多少未結帳商品滯留在客戶的購物車中，並分析這些商品的品類、每位客戶的未結帳金額等資訊，幫助企業制定促銷策略或其他能加速結帳的作法。OLAP 系統的主要目的是提供深度資料分析，允許資料消費者進行多維分析和查詢，以便提取出有價值的洞察，幫助企業在更高層次上理解業務環境，做出明智的戰略決策。

與 OLTP 系統強調即時性、短時間內完成交易不同，OLAP 系統更注重對歷史資料的深度挖掘，因此可以容忍一定的查詢延遲，但對於大範圍資料的聚合分析則有更高的效率要求。

🗄 OLTP 和 OLAP 系統的協作

隨著資料處理需求的多樣化，企業需要同時兼顧營運和分析的需求。然而，將這兩種處理模式合併在同一個系統中，往往會導致效能和成本問題。例如：每天需要分析未結帳商品的資料，直接在 OLTP 系統查詢大量資料並聚合處理，有可能會拖垮營運資料庫的效能，造成購物網站使用體驗不佳。再者，這樣的分析需求不需要即時或者 100% 準確，可以接受一點時間落差。因此，企業通常會將 OLTP 系統中的資料用 ETL（Extract、Transform、Load）的方式傳送到 OLAP 系統進行處理。

OLTP 和 OLAP 系統的協作至關重要。OLTP 系統保障企業日常營運的穩定性和效率，而 OLAP 系統則提供強大的分析能力，兩者相輔相成，共同構成現代資料的支柱，為企業在數據驅動的世界中競爭提供強有力的後盾。

📋 分享

資料分析過渡期：PostgreSQL

早期的資料庫設計主要是 OLTP 導向，例如：Oracle、SQL Server、MySQL，在處理 OLAP 任務的效率就相對較低。後來為了逐漸增加的資料分析需求，分析類型的任務漸漸移轉到 OLAP 資料庫。在這個過渡期中，最受歡迎的系統是 PostgreSQL。

PostgreSQL 是一個關聯式資料庫管理系統（RDBMS），以開源特性而聞名。PostgreSQL 的歷史可以追溯到 80 年代，當時是從加州大學伯克利分校開始，因繼承 Ingres 資料庫，而命名為 Postgres。1996 年正式確立名稱為 PostgreSQL，並成為後續版本的正式名稱。

早期的 PostgreSQL 僅適用於 OLTP，但經過社群的積極開發，讓平台資料庫功能可以靈活的反映市場要求。使用擴展套件或與專門的 OLAP 工具整合，PostgreSQL 可以同時滿足 OLTP 與部份的 OLAP 需求，讓團隊能夠利用同一個資料平台來處理 OLTP 和 OLAP 的任務，簡化資料管理流程並降低營運複雜度。然而，對於資料龐大或高度專業化的分析需求，分離 OLTP 和 OLAP 系統仍是更佳選擇。

由於 PostgreSQL 在資料倉儲和分析工作上的普及，大多數現代資料平台都架構於 PostgreSQL 之上，它們通常遵循相同或類似的 SQL 語法，再加上額外的功能。

PostgreSQL 的前身 Ingres 以及 Oracle 的歷史是一段有趣的軟體商業史，與 SQL 成為現代資料的通用語言密切相關，有興趣的話可以參考線上資源。

線上資源

https://github.com/dbt-local-taipei/dbt-book-01/blob/main/chapter-01/01-02-01_resources.md

- PostgreSQL 的前身 Ingres 以及 Oracle 的歷史摘要。
- Matthew Symonds 的書《Softwar》。

▌資料爆炸：大數據的興起

接著 1990 年代和 2000 年代，由於數位技術、網路和社交媒體的普及，全球資料量爆炸增長。這種海量、快速且多元的資料對傳統的資料管理方式帶來巨大挑戰，從而催生「大數據」（Big Data）這個概念。大數據有三個特徵：

- **Volume**（量）：大數據的巨大資料量遠遠超出傳統資料庫能處理的等級，需要全新的儲存和管理技術。

- **Velocity**（速度）：資料生成和處理的速度非常快，特別是即時資料處理的需求增長，如何快速地獲取、處理、並回應這些資料成為一大挑戰。

- **Variety**（多樣性）：大數據來自各種不同的來源，包括結構化資料（例如：關聯式資料庫）、半結構化資料（例如：XML、JSON 文件）以及非結構化資料（例如：文本、圖片、影片），需要更靈活的處理方式。

為應對大數據帶來的挑戰，一系列技術創新應運而生。2004 年，Google 推出了 MapReduce 技術，隨後被 Hadoop 等開源平台採用。這項技術提供分散式計算模型，允許任務在多個節點上同時分配和執行，使得大規模資料得以被平行處理，加快了資料處理的速度和效率。大數據不僅促成技術面的突破，更啟發許多應用和發展。進入了大數據時代，企業開始能夠利用這些海量數據，從中提取出有價值的洞察，從而推動業務決策和創新。這些技術的誕生和發展，正在為現代資料架構鋪路。

▌雲端平台的興起

2000 年代和 2010 年代資料開始從傳統地端資料中心往雲端架構發展，不僅提高資料管理的可擴展性和靈活性，還大大降低成本，為現代資料提供新的可能性。

2013 年，Amazon 推出了 Redshift，這是第一個雲端資料平台（Cloud Data Platform），宣告資料管理進入雲端時代。雲端的優勢在於高度的可擴展性和彈性，讓企業進行大規模資料儲存和分析，不需要購買和維護昂貴的硬體設備，只需根據實際需求支付使用的雲端資源，大幅的降低了成本。從 Amazon 帶頭，推

動其他雲端資料平台的發展，Google Cloud、Microsoft Azure 等競爭對手相繼推出各自的雲端資料服務。

此外，雲端平台提供的全球性基礎設施也使企業能夠輕鬆地進行跨地區的資料處理；引入各種先進的資料處理工具和服務，從大數據分析到機器學習，幾乎涵蓋現代資料處理的所有面向。這些工具使企業能夠快速部署並擴展資料架構，從而更快地回應市場變化和業務需求。雲端平台的興起代表資料管理又進入了一個新的時代。

機器學習與資料科學的崛起

在過去，資料常被視為業務運行的副產品，但在 2010 年代，這種觀點發生根本性的轉變。企業開始認識到資料不僅僅是業務活動的記錄，更是一種關鍵資產，可以用來推動創新、提升競爭優勢。這種轉變造成資料科學（Data Science）和機器學習（Machine Learning）在 2010 年代迅速崛起，這些領域利用大數據發掘洞察、預測趨勢並推動決策，成為現代企業競爭力的重要來源。

隨著演算法和計算能力的提升，機器學習技術變得更加成熟，能夠從龐大的資料集中提取有價值的資訊。這些技術不僅能夠自動歸納資料的樣貌，還能預測未來的趨勢，幫助企業在市場競爭中保持領先地位。例如：透過分析消費者行為資料，企業可以預測產品需求，從而優化供應鏈管理和市場銷售策略。

為了更好地管理和利用資料，企業開始建立專門的資料團隊。這些團隊由資料科學家（Data Scientist）、資料工程師（Data Engineer）等角色組成。資料科學家負責資料的收集、清理、建模和分析，運用統計學、數據挖掘和機器學習技術，從資料中提取洞察，支援業務決策。而資料工程師則專注於資料的基礎設施建設，確保資料的品質和可用性，為資料科學的工作提供堅實的基礎。

資料開始推動企業創新和競爭力的提升，也開始帶動數據驅動（Data Driven）的文化。

▌企業開始使用 SaaS

2010 年代後，SaaS（Software as a service）的模式開始被廣泛採用，為資料管理帶來許多好處和挑戰。一方面，SaaS 工具提供靈活的軟體解決方案，企業不再需要自建和維護昂貴的硬體基礎設施，降低成本並提高工作效率。另一方面，隨著越來越多的 SaaS 工具被採用，也帶來資料孤島（Data Silos）和整合難題。不同的 SaaS 平台可能會生成格式各異的資料、不同的處理時程、標準、語意及商業邏輯，且這些資料通常分散在不同的系統中，增加了資料整合和管理的複雜性。

為應對這些挑戰，搭配雲端儲存技術的進步，資料處理方法從傳統的 ETL（Extract、Transform、Load）轉向為 ELT（Extract、Load、Transform）。在傳統的 ETL 流程中，資料在被儲存到資料倉儲之前，需要先經過轉換處理；改用 ELT，企業可以將原始資料儲存到資料倉儲中，然後根據需求進行轉換。這種方法不僅提高資料處理的靈活性，還減少處理過程中的延遲，讓企業能夠更快地獲取並分析資料。

以上各種轉變、技術演化的交互影響，一步步帶領我們往現代資料世界邁進。

● 1-3 現代資料棧的誕生

如同 1-1 所提，dbt 在 ETL 中負責的是 transform，換句話說，完整的資料開發流程涉及眾多工具和技術，dbt 只是其中之一。本節想接續 1-2，介紹 2010 年代現代資料棧的誕生，讓你理解 dbt 也屬於現代資料棧之一。

現代資料棧（MDS，Modern Data Stack）其中的「Modern」（現代）是為了區隔「Past」（過去），以下也會說「傳統」。2013 年發展到雲端時代，傳統資料架構開始顯得不足，促使現代資料棧的誕生。

什麼是資料棧

Data Stack 是從軟體工程的概念延伸而來。在軟體工程術語中「Stack」直譯為「堆疊」,「Tech Stack」指的是軟體開發團隊所使用的一系列技術和工具,包括了程式語言、框架、資料庫、伺服器、版控及協作工具等各種元素。例如:一個典型的 Web 開發團隊,Tech Stack 可能包括使用 JavaScript 作為前端語言,React 或 Vue.js 作為前端框架、Node.js 作為後端執行環境、Express.js 作為後端框架、MongoDB 作為資料庫、GitHub 作為版控、Jira 作為專案管理,及 Conflucence 作為文件平台。同樣地,這種概念也應用於資料領域,「Data Stack」是一系列為了資料儲存、運算、分析,最終創造商業價值的技術和工具的集合。

傳統資料棧

傳統資料棧是以 1-2 提到的 OLAP 系統為核心,將來自不同來源的資料統一儲存和管理,使企業能夠快速且可靠地存取資料。資料主要用於企業報表(Enterprise Reporting),資料處理流程相對單純。這個流程的起點通常是幾個制式營運軟體的系統資料庫,例如:企業資源規劃(ERP,Enterprise Resource Planning)系統、客戶關係管理(CRM,Customer Relationship Management)系統、以及計費系統等。這些系統是企業日常業務營運和管理的核心,記錄了各種交易和操作資料。

這些營運資料透過 ETL 的批次排程,提取並載入到資料倉儲(Data Warehouse)中,以進行後續的分析和報告。一開始可能是資料分析師直接使用 SQL 語法,撈取資料做報表及分析。隨後,商業智慧(BI,Business Intelligence)工具被應用在資料倉儲之上,資料分析師可以更容易製作視覺化的儀表板和報告。這些儀表板和報告通常可以依照需求客製化,以滿足不同部門和用戶的需求,從而支援更有效的決策制定和業務營運。

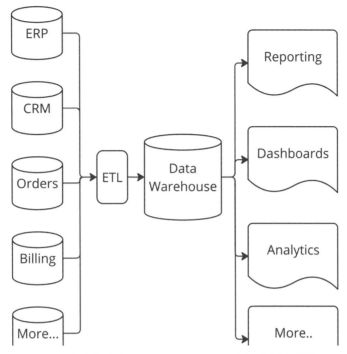

圖 1-1 企業報告（Enterprise Reporting）的資料處理流程

▌現代資料棧的誕生

　　傳統資料棧的架構在面對現代資料需求時開始受限。隨著 Big Data 資料量級急速上升和想串接各種多樣化的 SaaS 資料需求，傳統的資料倉儲和 ETL 的方式出現瓶頸，難以快速且靈活地適應新的業務需求，加上雲端技術可讓成本下降等，各種條件加總讓 MDS 誕生。最大的不同在於引入雲端技術和模組化的工具，提供更高的可擴展性、更快的資料處理速度、以及更靈活的分析能力。

🗄 現代資料棧的核心元素

- **雲端資料倉儲**：雲端資料倉儲是 MDS 的基石，提供可擴展、靈活且成本高效的資料儲存和處理能力。服務如：Snowflake、Google BigQuery 和 Amazon Redshift，使企業能夠根據需求靈活地調整資源，並透過依照使用量付費的模式降低成本。

- **ETL/ELT 工具**：在現代資料棧中，原本的 ETL 逐漸轉換成 ELT。工具如：Fivetran 和 Stitch，可以自動化地串接各種資料來源，並提取、載入到雲端資料倉儲中；dbt 負責在資料被存放到雲端後，轉換為分析所需的格式和結構，讓資料能夠更好地支援業務決策。

- **BI 和分析平台**：BI 工具的發展其實有一段時間，但過去選擇不多、價格昂貴、技術門檻高。到了現代，出現更多容易上手的選擇，例如：Looker、Tableau 和 Power BI 等商業智慧工具，讓不懂 SQL 的資料消費者探索、視覺化資料，更容易從資料中找到洞察，進而實踐數據驅動的決策。11-8 將對 BI 有更多介紹。

- **工作流程協調工具（orchestration）**：像 Airflow 這樣的工具負責管理和自動化資料管道，確保資料流程的可靠性和效率。

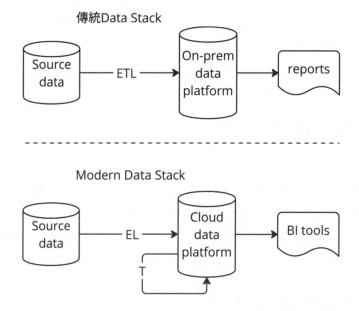

圖 1-2　資料棧傳統與現代的比較

▌持續演進

到了 2024 年的今天，距離現代資料棧首次被提出的 2010 年代，已經過了 10 多年，資料環境也經過多次演變。其中一個轉變是，BI 工具從一開始以技術團隊為主要使用者，漸漸走向自助式（Self-service），行銷、業務、產品經理等不具技術背景的使用者也能自行查找和分析資料，這使得自助式分析（Self-service Analytics）在各個職能中快速普及，所有員工都能夠運用自身專業知識進行資料探索，縮短等待技術團隊處理，或與不熟悉商業流程的技術人員溝通的時間，加快決策過程。

然而，自助式分析的普及也帶來新的挑戰。可能各部門和團隊各自維護自己的資料版本，容易導致資料孤島，每個部門手上的資料都不一致。技術進步也會帶動組織文化調整，資料團隊開始重視資料素養（Data Literacy）、資料治理（Data Governance）以及各種角色該如何協作，現代資料棧仍在持續快速演進中。

Ch2 開始，本書將透過故事案例，說明一間公司如何從零開始建構現代資料棧，並成功導入 dbt。希望藉由這個舉例，你將更深入理解為何在現代的資料環境中，dbt 與 Analytics Engineering 已成為不可或缺且自然的選擇。

📋 **分享**

邀請你思考，經過 10 多年後「現代」資料棧是否開始變成日常，不需要再強調「現代」？

- Is the "Modern Data Stack" Still a Useful Idea？：Tristan 在 2024 年再次討論 Modern Data Stack

---

線上資源

https://github.com/dbt-local-taipei/dbt-book-01/blob/main/
chapter-01/01-03-01_resources.md

對現代資料棧發展歷史有興趣的讀者，可以參考

- The Modern Data Stack: Past, Present, and Future：Tristan 在 2020 年
  聊 Modern Data Stack

- A Brief History of Modern Data Stack

- Is the "Modern Data Stack" Still a Useful Idea?

PART 2

介紹 dbt Cloud、
dbt Core 及實際操作

透過杜撰的頂台小籠包資料團隊，說明為什麼需要 Analytics Engineering、dbt。並帶讀者實際操作 dbt Cloud 及 dbt Core。

頂台小籠包和
Jaffle Shop

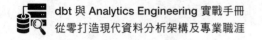

Jaffle Shop

　　Jaffle Shop 是 dbt Labs 第一個 Sandbox Project（沙盒專案），利用這間販售 Jaffle（熱壓三明治）的餐廳，提供範例資料集，例如：訂單、顧客，以探索 dbt 基本功能。Jaffle Shop 就像軟體界的 Hello World，是大部分人學習 dbt 的起點。本書同樣會利用 Jaffle Shop 作為 dbt 的入門範例，畢竟有公開資料集可以利用，方便示範，也方便你跟著操作。

> **線上資源**
>
> https://github.com/dbt-local-taipei/dbt-book-01/blob/main/chapter-02/02-00-01_resources.md
>
> - The Jaffle Shop GitHub repository：官方的 dbt 範例專案

頂台小籠包

　　本書除了想帶你上手使用 dbt 之外，更想介紹 analytics engineering 以及它對於資料文化的影響。為了讓你能將 Jaffle Shop 的公開資料想像在台灣的場景，本書以最強台灣美食，杜撰了「頂台小籠包」的故事：這是一間已經營一甲子的小籠包老店，二代老闆在接手家業後，希望藉由資料幫助公司轉型為現代化的企業。

　　頂台小籠包是綜合四位作者多年實戰累積的心法，以及對資料團隊發展狀況的觀察，設計出的一個經典案例，希望用說故事的方式，帶著大家從主角的視角出發，探索建立資料團隊、導入 dbt 的整個過程，並在此過程中激發你對資料職涯的想法。

● **2-1** 頂台小籠包的數據分析草創期

頂台小籠包在創業老闆的經營之下，已經是台灣第一美食代表，在各大都市均有分店，每天人潮絡繹不絕。經過 20 多年的學習，二代老闆已經累積豐富的經驗。看著年輕一輩願意承擔重任，又充滿熱情與幹勁，老老闆決定開始交棒。

二代老闆在店裡從基層實習開始，幾乎每個角色都擔任過，不只理解一線的辛苦，更掌握經營團隊的思維。從小，二代老闆被刻意栽培商學思維，他希望讓頂台小籠包採用現代化的經營，更認為資料分析是重點：過去累積幾十年的原物料價格、開店位置及人潮、銷售紀錄等，是可以讓頂台小籠包更上一層樓的寶貴資產。

明宏是從分店轉調到總公司的新人。他在擔任分店店長期間，懂得分析過去銷售資料並參考季節性，精準控制叫貨成本、調整人力及提升銷售。他的亮眼表現，讓二代老闆提拔他到總公司來擔任資料分析師，希望他用累積的現場經驗及資料分析技巧，創立頂台小籠包的資料團隊。明宏並非資訊或科技背景，雖然對資料團隊沒什麼想像，但憑著對數字的敏銳及好學努力，願意接下這個挑戰，與二代老闆一起奮鬥。

餐廳現場的運作方式：先有原物料進貨，廚房準備食物，設計出菜單上各種品項，由客人點餐後，廚房製作出餐，到最後客人結帳。

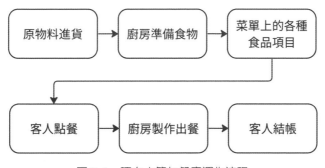

圖 2-1　頂台小籠包餐廳運作流程

在這簡單的流程中會產出許多資料，例如：原物料、食物品項、訂單、客戶資料等。明宏原本在店裡時，每天從叫貨系統及結帳系統下載資料到自己的筆

電，用 Excel 處理、分析，幫助自己決定叫貨、排班跟促銷商品。如果需要跟老闆報告，就在 Excel 內製作圖表。但進到總公司面對全台上百家的資料，不用一個禮拜，明宏就知道這個做法無法繼續：

1. **手動匯出一天資料要花一個多小時**：資料只能手動匯出，總共上百家的資料要耗掉一小時以上，如果不每天做，當天就沒有資料，週一更是災難，要花三倍時間補上週末兩天的資料。

2. **使用 Excel 處理資料的效率低下**：上百家的資料放到 Excel 內跑原本的公式要等很久，才幾天的資料進去，明宏電腦內的 Excel 程式已經快要跑不動。

3. **資料只在明宏的電腦**：過去自己的店，只有身為店長的明宏需要看資料，但是上百店家的資料還是只有他的電腦可以查看，對他造成巨大壓力，不敢請假。

因此，明宏希望能將手動匯出資料改為自動，畢竟這是最花他時間的工作，節省這段時間能讓他專心在資料處理與分析。與二代老闆解釋後，獲得全力支持，馬上找來公司 IT 部門的工程師。

雨辰是 IT 部門的優秀人才，原本負責維護各種系統，並非資料工程師。他發現明宏在做的事情，其實是 ELT 的模式：由公司的資訊系統，抓取資料（Extract）、貼到 Excel（Load）、再用 Excel 處理資料（Transform），最後再做出報表及分析。

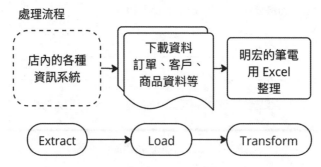

圖 2-2　用 Excel 處理資料的流程其實已經是 ELT

　　雨辰建議把銷售資料放到適合處理分析資料的 Data Warehouse。由於公司主要使用 Google 服務，就順勢採用 Google BigQuery 作為 Data Warehouse。於是雨辰建立定時排程，每天三次將銷售資料匯入 BigQuery 中，讓明宏可以在 BigQuery 直接查資料，或者將所需的資料透過寫 SQL 的方式，串到 Google Sheets 上。

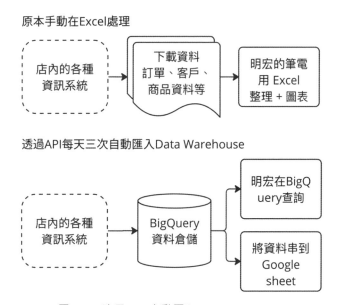

圖 2-3　改用 API 自動匯入 Data Warehouse

　　雖然這一做法解決手工匯入資料的問題，明宏也自學基本 SQL，提高了一定的效率，但仍有以下狀況：

1. **只有明宏能處理**：全公司只有他會寫 SQL，明宏負擔著所有資料處理和分析的工作。當 Google Sheets 上的圖表出現異常，也只有他能處理。

2. **Sheets 要花很久時間才能打開**：Google Sheets 不只有資料列數的限制，再加上有許多公式及資料串接，造成開啟速度緩慢。

3. **多份 Sheets 造成混亂**：為了減少每份 Sheet 的資料量，因此切分月份，結果造成跨月分析處理不方便，以及 SQL 或 Excel 公式修改時，需要修改多個地方，容易遺漏發生錯誤。

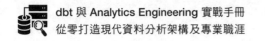
4. **多個 SQL 語法很難維護**：明宏盡量將 Excel 公式改用 SQL 處理，就變成有多份 SQL 語法要儲存，每次查詢的時候複製貼上超麻煩。

此外，這方法雖可以加速原本每天的分析日報，但總公司要考慮上百家店，期待有更完整但不同目的的週報、月報、季報，以及不定期的各種問題，例如：

- 下一季要開發或調整哪些品項？想找過去幾年的數字來看有沒有季節性？或者從最近銷售中找出有潛力的產品。

- 最近小籠包在南部地區的銷售表現變差，想找原因？可能得分析是否有季節、競品效應，跟銷售檔期的關係等等。

- 考慮接下來雞蛋短缺，要盤點有哪些食品有用到雞蛋，是否能替換？或者這些食品有對應消費者可能願意接受的其他選項？

每個問題或分析切角，明宏都要回頭查找要用哪個資料，並重新寫 SQL 找答案，再產生報表回答，時間拖得很長，可能要一週或甚至一個月，無法馬上回答問題。

線上資源

https://github.com/dbt-local-taipei/dbt-book-01/blob/main/chapter-02/02-01-01_resources.md

- Google App Sheet: Limits on data size：補充說明 Google Sheets 的行數上限。

- Building a Mature Analytics Workflow：dbt 創立故事，希望建立成熟的分析流程。

- The Modern Data Experience：MODE 創辦人 Benn 描述的現代化資料體驗。

● 2-2 為什麼頂台小籠包要用 dbt？

最近又發生類似的狀況：老闆想知道哪些產品最受歡迎，是否有季節性？為了回答老闆的問題，明宏分別做出每月及每季的產品銷售比較，兩份同樣的 SQL 語法只差在月或季。老闆又想知道同樣產品在不同家店的季節性銷量變化，是否會不同？明宏只好再為每個產品寫同樣的 SQL，只差在店家不同。語法累積多了，又發現更多問題：

1. **重複編寫 SQL**：由於每一個新的分析需求，明宏都需要編寫一個全新的 SQL 查詢。這不僅效率低下，而且隨著時間的推移，累積大量類似或重複的 SQL 語法，無法維護和管理。

2. **引用修改容易遺漏**：以處理品項跟促銷為例，每月的促銷品項會變化，每個月都要修改，且分散在多個 SQL 語法，根本不可能全部改到。

3. **不知道如何驗證結果**：雖然 BigQuery 有基本的語法檢測，如果真的寫錯會無法執行，但重點是撈取資料的邏輯是否正確，這只有明宏自己知道。

4. **商業邏輯只有明宏知道**：處理資料串接時的邏輯，以及容易發生的狀況，例如：因為系統問題可能出現重複訂購的訂單，區分新舊客戶的實際作法等，都寫在每次的 SQL 語法中，沒有其他人知道是否每次查詢的語法都一樣，或者最新的語法是什麼。

明宏覺得太多問題這樣下去不是辦法，得找到更好的做法才行。於是經朋友推薦，參加 Taipei dbt Meetup，想去認識更多其他在做資料的同行，詢問看看自己的問題是否有解法。參加 Taipei dbt Meetup #2 之後，發現講者 Richard 提到 2020 年的 setup 跟他現在遇到的狀況一樣：想穩定產出定期報表及更快速回應 ad hoc（特定目的、臨時）的分析需求。明宏原本的做法是：

1. Data Warehouse 使用 BigQuery。

2. 用 API 將資料排程丟進 BigQuery。

3. 明宏寫一大坨 SQL 在多份 Google Sheets 上。

跟講者 Richard 當時的作法類似：利用許多 Python 程式，將資料弄進 BigQuery，然後 PM 再寫一大坨 SQL 在 Metabase[1] 上。

當時的 Setup

公司主要目標是要做數據驅動的營運，產出報表＆儀表板。
1. 資料倉儲在BigQuery
2. 會有各式各樣用Python把資料弄進BigQuery
3. 上述爬蟲用Airflow（GCP Composer）
4. PM的邏輯寫一大坨SQL在Metabase上

圖 2-4　Taipei dbt Meetup #2 Richard 分享當時的 Setup

再繼續看到講者分享導入原因，

1. PM 會用 SQL 想讓她參與。

2. Airflow[2] 對於資料轉換學習門檻較高。

3. 希望轉型成分散式的資料團隊文化。

為什麼當時選擇使用 dbt？

多數條件至今仍然成立：
1. PM會用SQL查詢，但不知道資料怎麼轉出來的，想讓她參與
2. Airflow對於資料轉換而言，太過Overskill
   * 但BigQuery Scheduled Query又太Lightweight
3. 公司希望轉型成分散式的資料團隊文化
   * i.e. 有中央的人處理infra，但資料利用是鑲嵌在各BU

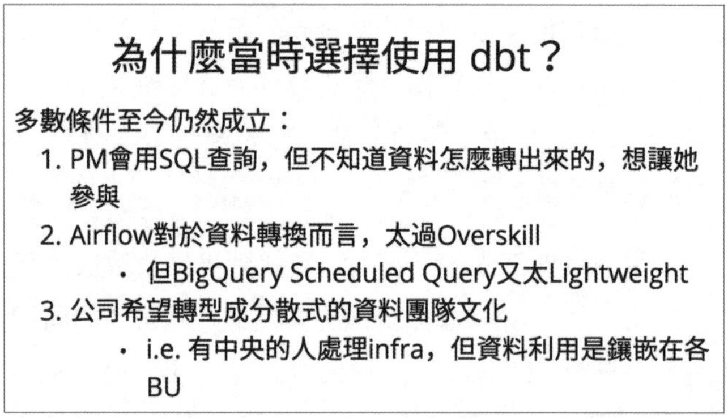

圖 2-5　Taipei dbt Meetup #2 Richard 分享為什麼當時選擇使用 dbt？

1　Metabase：一個 BI（Buseiness Itelligence）工具，後續 11-8 會再介紹。

2　Airflow 是以 Python 開發的工作流管理系統，能幫助開發者做標準化及重複性的流程。

　　明宏自覺要學會使用 Airflow 門檻有點高,如果改用 BigQuery 的 Scheduled Query(排程查詢)他還是得要設法管理各個 SQL 語法。講者提到 dbt 可讓 Query 語法重複使用,以及分散式資料團隊文化令人嚮往,讓明宏好心動,立刻邀請雨辰一起研究,希望可以有效解決重複編寫、引用修改容易遺漏這兩個問題。

線上資源

https://github.com/dbt-local-taipei/dbt-book-01/blob/main/chapter-02/02-02-01_resources.md

- Airflow:以 Python 寫成的工作流程管理系統,能幫助開發者做標準化及重複性的流程。

- Taipei dbt Meetup #2 - Learning From 2X dbt Integration 錄影。

- Taipei dbt Meetup。

　　原來這是軟體工程師在寫程式時,常用的觀念:模組化(Modularity)。dbt 可以讓 SQL 語法模組化,再透過 model 的引用關聯,顯示資料的上下游關係(DAG,directed acyclic graph),就可以排出執行順序。

明宏原本的做法沒有模組化的概念，Data Flow（資料流）如下圖：

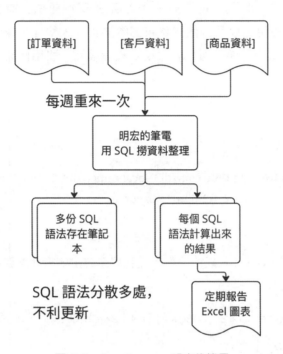

圖 2-6 data flows on 明宏的筆電

如果改用 dbt，以週報做簡單的舉例，假設週報上僅需要出現：

1. 每週訂單金額，以及目標金額的達成率。

2. 每週的訂單金額及訂單數量變化。

3. 每週新客以及舊客訂單數及訂單金額（新舊客以是否為第一次來店作區別）。

4. 各商品每週銷售數量及金額。

可以分為原始資料、select+join 產生中繼資料、到最後轉化成週報上採用的
資料表。

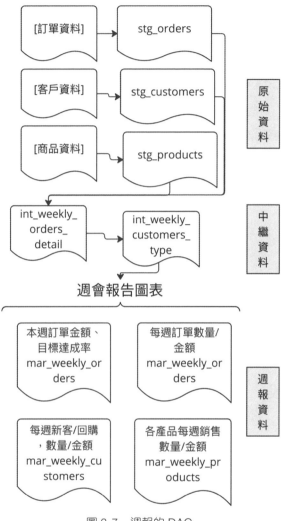

圖 2-7　週報的 DAG

　　像這樣將資料經過幾次的中繼處理，可以產生讓報表可直接使用的表格欄位，就可以串到專業圖表 BI（Buseinss Itelligence）工具上，例如：免費的有 Metabase、Looker Studio。使用 BI 工具可以讓週報穩定產出，不用每週重複處理。dbt 還有提供 dbt test，可以檢查資料上的基本問題；加上搭配 GitHub 使用，SQL 語法可以在明宏寫完之後，再請雨辰看過，讓雨辰有機會了解商業邏輯，也多一雙眼睛幫忙檢查，還可以串上 CI/CD 測試（7-1 會再說明），以上種種好處，明宏與雨辰決定來向公司提案採用 dbt。

　　想到要提案，雖然解決目前的痛點很重要，但還是得評估採用 dbt 要付出的成本，提供預算及人力預估，才能說服公司進行這項投資。明宏找到 dbt 有提供 dbt Cloud 以及 dbt Core 兩種選擇，在雨辰的協助比較之下，他們認為初步導入透過 dbt Cloud 更輕量快速，也有搭配 BigQuery 開始的快速指引，便決定以此為方向開始。

　　二代老闆同意明宏與雨辰的提出的問題很重要，雖然對 dbt 完全沒有概念，看到採用 dbt Cloud 可以從免費的開發者方案開始，接下來擴充的可能性也大，因此決定放手讓明宏去做。

> **線上資源**
>
> 　https://github.com/dbt-local-taipei/dbt-book-01/blob/main/chapter-02/02-02-02_resources.md
>
> - BI 工具：
>   - Metabase
>   - Looker Studio
> - Quickstart for dbt Cloud and BigQuery

● 2-3 什麼團隊適合導入 dbt？ 什麼團隊不適合？

　　頂台小籠包的故事是其中一種典型會採用 dbt 的資料團隊，當年的 Fishdown Analytics 也是因為有太多分析工作要做，才開始開發這個工具。但其實，選擇使用 dbt 不見得是因為分析需求。導入 dbt 的原因，一般來說可以從以下兩種角度切入：

1. **資料消費者（Data Consumers）**：希望能夠掌握資料處理過程的人，類似資料分析師的角色。他們可能面臨以下困境：

   - **資訊黑箱**：資料消費者無法接觸底層的資料，也難以得知資料處理的邏輯，可能是因為分工的關係，底層資料是由其他人員或團隊負責，也就是第二點提到的「資料製造者」。若採用 dbt，資料消費者可以使用 dbt 轉換資料，不用再依賴他人。沒有使用 dbt 的人員，也能在 dbt 文件中查看處理邏輯。

   - **語法維護困難，缺乏版控以及測試、協作的機制**：資料消費者通常缺乏軟體開發的知識，儘管聽過版控，也不知道如何應用在資料專案。若使用 dbt，自然會採用版控，加上測試也較簡單，且跟隨官方建議，可以寫出較容易維護且方便多人協作的語法。

2. **資料製造者（Data Producers）**：類似資料工程師的角色，也可能是資料分析師，希望將資料處理的工作交給其他人。可能的動機包括：

   - **降低資料需求的工作量**：要面對大量且不斷增長的資料需求，更要解決資料消費者對資料邏輯的提問，造成工作量龐大。若採用 dbt，可以讓懂 SQL 的資料消費者自行查看邏輯，甚至參與資料轉換。資料需求不再是資料製造者一個人的負擔。

   - **和資料消費者協作**：透過 dbt 的導入，有機會改變資料製造者和資料消費者的互動。對資料製造者來說，資料消費者如何採用資料，同樣也是黑箱。透過 dbt 的工作流程，對兩方來說都能更透明。

為什麼用「類似」，因為職稱不是重點。這個類似資料分析師的角色，可能是業務、行銷、PM，總之有在消費資料。而類似資料工程師的角色，可能是各種專職或被暫時被抓來協助處理資料的工程師。

不管哪個狀況，都是希望將資料處理盡量交給需要消費資料的人，他們具備 domain know-how（領域專門知識）更清楚資料帶來的意義。基本條件：

1. 這些人需要願意學或者已經會簡單的 SQL，現在很多 PM、行銷等常在看數字的人都會一點。

2. 這些人更知道想看到什麼樣的結果,因此更想參與分析;這會讓思考過程更快,在看到結果後發想需要如何進一步分析,從頭到尾都可以自己做,不用排隊等其他人處理。

也就是說,團隊是否希望培養一群人是願意自己分析自己想看的資料,再深入一點說,

- 是否願意將資料開放,不只有少數人可以接觸到?

- 是否願意花時間培養、協助這些人?他們原本可能不太會寫 SQL,或沒用過 git,以及後續使用 BI 工具也同樣需要協助。

- 是否想導入 Data Informed(資料啟示)文化?

📋 **資訊**

一般常見推動資料文化時會提到 Data Driven(資料驅動)文化,而非 Data Informed(資料啟示),說明一下差異:

- Data Driven(資料驅動):根據資料結果行動。

- Data Informed(資料啟示):參考資料結果,但知道行動考量除了資料,還要挖掘使用者的真實問題、考量公司策略、競品、產業趨勢等等。

本書鼓勵 Data Informed。因為有些資料不見得容易取得,且數字資料比較多是使用者行為、結果,想知道背後的原因,還需要質化資料,例如:透過使用者訪談;再者,我們不太可能等到 100% 掌握完整資料才下決定,也不建議只參考數字,多少需要參雜過去經驗、公司準則等相對直覺。當然,這些直覺是因為長期花時間看各種質化及量化資料才培養出來的。

再回頭想,會有上述狀況的團隊,可能原本沒有完善的資料建設。反過來說,如果團隊符合下述條件,可能就不太適合導入 dbt:

1. 已經有完整的資料建設,或團隊沒資源改變現有流程。

   a. 有完整的資料建設,目前夠用,沒有改變的需要。

   b. 沒有資源培養團隊夥伴學習新的工具,或者同事習慣原本流程,也無意願學習新工具。

2. 技術面不適合採用 dbt。

   a. 團隊用 Python 或其他程式語言處理資料，不想改用 SQL。儘管 dbt 針對部份資料平台有推出 Python models 的功能，但如果原本的團隊重度使用 Python，仍然不適合使用 dbt。

   b. 團隊使用的資料平台不適合搭配 dbt，有哪些資料平台適合以及該如何選擇將在 2-6 介紹。

   c. 資料類型不適合用 SQL 處理，例如：時間序列資料。

3. 希望資料集中，不要讓更多人接觸到，統一由一個人或一個部門提供報表。

4. 不想或沒空形塑 data-informed 文化。

線上資源

https://github.com/dbt-local-taipei/dbt-book-01/blob/main/chapter-02/02-03-01_resources.md

- Know the difference between data-informed and versus data-driven：Andrew Chen 說明 data-informed 與 data-driven 的差異。

- Data-informed decision-making：維基百科頁面。

2-4 頂台小籠包使用 dbt 的改變

雨辰設定好 dbt Cloud 後，教會明宏使用 dbt Cloud IDE 以及 git，就放手讓明宏去做，後續只剩下 review PR。而明宏就像發現新玩具一樣，興奮無比，試圖實現提案中構想的週報 DAG，如圖 2-8，將訂單、客戶、產品的原始資料轉成 3 個 staging models，中繼處理產生 2 個 intermediate models 後，就完成了 3 個

marts models 可以直接串接到 BI 工具上。雨辰選用 open source 的 Metabase 作為 BI 工具，串接好 BigQuery 後可以很容易上手，明宏很快就學會如何使用。

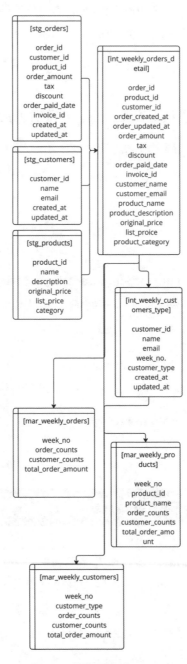

圖 2-8　週報需要的 Tables

完成預想中的簡單週報,明宏感受到模組化的方便以及 DAG 清楚顯示資料的上下游,也對 Data Modeling 有了基本概念;回想起許多 ad hoc 需求,其實透過良好的 data models 可以解決一大半,許多問題只是想看的維度不同而已。於是明宏找出過去回答 ad hoc 的 SQL 語法,重新構想該如何做好 data modeling,經過幾次調整,完成了初步的 ELT,讓許多想查銷售資料的同事們,可以在 Metabase 上自助查詢。

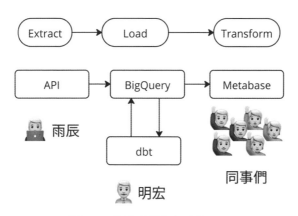

圖 2-9　頂台小籠包初步的 ELT

採用 dbt 不只解決原本遇到的 4 個問題(重複編寫 SQL、引用修改容易遺漏、不知道如何測試結果、商業邏輯只有明宏知道),頂台小籠包的同事們也開始更會參考資料下決定。

對齊觀念

在採用 dbt 的過程,除了檢視過去 SQL 語法,也一一跟同事們對齊既有報表,發現許多超乎想像的事情,例如:Excel 複製多次、用 IMPORTRANGE 形成錯綜複雜的 DAG !?對同一份資料因為不同維度而產生多份 Excel 等等。這個考古過程,明宏更加理解同事們如何使用資料、他們的觀念及日常問題,並且統一了許多資料名詞,例如:訂單金額在不同人的報表上可能是稅前金額或稅後金額,每週訂單數計算,有些人用週一、有些人用週日起算等,這些事情雖然微小又繁瑣,但就是會影響數字。統一後才仍能讓數字一致,大家聽到這個名詞時的理解相同,也有助於接下來利用這些資料計算出正確的指標。

📇 **資訊**

- IMPORTRANGE 是用來從另外一個 Google sheets 讀取資料的語法。

- 維度（Dimensions）：資料的屬性，通常使用文字標示，例如：商圈類別、城市。

- 指標（Metrics）：平均值、比例等計算後的結果，通常是數字表示，例如：今日訂單總金額。

開啟 Self-service（自助服務）

將 Excel 報表搬移到 Metabase 後，意外地開啟了 Self-service（自助服務）的資料文化。經過幾次 Metabase 的教學訓練後，發現店務部跟中央廚房的原物料採購部，都各有一個人比較會用 Metabase，由於他們更清楚第一線常有的問題，透過他們兩位自行建立的 Dashboards（資料儀表板）對其他同事來説更方便，可以直接使用，其他人遇到問題也自然會找這兩位，大大減輕了明宏過去疲於奔命，分身乏術要回答各種緊急問題的負擔。

店務部跟採購部的同事不用再排隊等明宏，可以更快速使用資料，也開始更具體的跟明宏討論資料需求。店務部主管，在思考下一季要開發或調整的品項時，他先從 Metabase 撈出每家店的銷售項目、時間、實際單價，嘗試各種圖表呈現資訊，發現店的所在地、店面大小等，對銷售品項似乎有影響，但他不知道如何更具體的表現差異，以及這些差異影響什麼。

帶著 Metabase 的圖表連結討論，明宏很快理解店務部的需求及問題點，他將店面所在地與店務部先訂下辦公區、住家區以及商業區，產生「店家所在商圈類別」這個新維度，再依據店面大小、座位數及能支援的品項類別，例如：外帶或內用、是否能提供現做熱食或僅能加工熱食等，又訂下「店家類別」這個新屬性。利用商圈類別及店家類別，去分析銷售品項，就可以更清楚呈現不同商圈、店家類別的熱銷及停滯品項。這兩個類別的項目內容是跟店務部一起定案的，討論過程不只是明宏提供數字，重點是讓店務部重新檢視各店家，戴上不同維度的眼鏡去看每個店家的特色，也因此能進一步釐清下一季要開發或調整的品項。從

ad hoc 問題解脫後，夢想中的分析工作終於展開，這讓明宏露出了微笑，感受到自己未來的價值。

● 2-5 操作 dbt 前的準備工作

頂台小籠包的故事到這邊暫時告一段落，接下來本書將從 Ch3 開始介紹 dbt 的基本概念和作法。如果你也想和頂台小籠包一樣一步步導入 dbt，歡迎你跟著操作案例動手做。在這之前，你必須完成以下準備工作：

- 建立 **GitHub Repository**：版本控制 dbt 語法。

- **BigQuery 專案**：dbt 專案皆需要選擇一個資料平台（Data Platform）搭配，本書選用 BigQuery。

- 建立 **Service Account** 並取得 **BigQuery Credential**：Credential 為 JSON 檔，將用於連接 dbt 專案與 BigQuery 專案。

雖然本書使用 GitHub 及 BigQuery 示範，但你若要正式導入 dbt，可自由選用其他 git 服務，例如：GitLab；也能採用其他資料平台，例如：Snowflake、Redshift、Databricks、PostgreSQL。在 2-6 將會介紹如何選擇資料平台。

▎建立 **GitHub Repository**

請依以下步驟建立 GitHub Repository

1. 登入 GitHub[3]。

2. 點擊右上角的「+」號，選擇「New repository」。

3. 輸入 Repository 名稱，例如：「dbt-jaffle-shop」。

4. 點擊「Create repository」。

3　若還沒有 GitHub 帳號，可至此網址註冊：https://github.com/signup

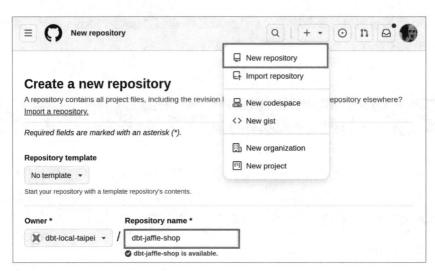

圖 2-10　建立 GitHub Repository

建立 BigQuery 專案

由搜尋引擎輸入 BigQuery，或由此網址進入 BigQuery Studio：https://console.cloud.google.com/bigquery。若你是第一次使用 Google Cloud Platform，系統會引導你建立新專案。

圖 2-11　建立 BigQuery 專案

接下來，請依系統提示啟用 BigQuery API。

圖 2-12　啟用 BigQuery API

回到 BigQuery Studio 就可以開始使用 BigQuery 的功能。請點選新建「SQL 查詢」後輸入以下語法，測試是否能存取 dbt 的 Jaffle Shop 資料集。

```
select * from `dbt-tutorial.jaffle_shop.customers`;
select * from `dbt-tutorial.jaffle_shop.orders`;
select * from `dbt-tutorial.stripe.payment`;
```

查詢成功的畫面如圖 2-13。

圖 2-13　測試 BigQuery 查詢 Jaffle Shop 公開資料集

建立 Service Account 並取得 BigQuery Credential

請由 Google Cloud Platform 左上角的導覽選單，選擇「API 和服務」→「憑證」，點選「＋建立憑證」→「請幫我選擇」。

圖 2-14　選擇憑證建立精靈

選取 API 為「BigQuery API」，存取資料為「應用程式資料」，點選「下一步」。

圖 2-15　使用憑證建立精靈

自訂服務帳戶的名稱例如「dbt-demo-service-account」、ID 和說明也可以
選擇性更改,點選「建立並繼續」。

圖 2-16 建立服務帳戶

將專案存取權授予服務帳戶,選擇「擁有者」,點選「完成」。

圖 2-17 設定服務帳戶權限

完成後，就可以在列表找到剛剛所建立的服務帳戶。

圖 2-18　完成建立服務帳戶

請點選該服務帳戶，再點選「金鑰」→「新增金鑰」→「建立新的金鑰」。

圖 2-19　新增金鑰

金鑰類型選擇「JSON」並點選「建立」後，產出的檔案即自動下載到本機。在 Ch3 就會使用到，請將檔案儲存在安全的地方。到此準備工作就完成囉。

建立「dbt-demo-service-account」的私密金鑰

下載內含私密金鑰的檔案。請妥善保存這個檔案，金鑰一旦遺失 即無法重新取得。

金鑰類型
◉ JSON
　　建議使用
◯ P12
　　能與使用 P12 格式的程式碼向下相容

取消　　建立

圖 2-20　下載金鑰

● 2-6 資料平台的選擇

在 dbt 中，資料平台指的是和 dbt 搭配，可以儲存並運算資料的平台，例如常見的資料倉儲：Snowflake、BigQuery、Redshift、Databricks，或是 SQL 資料庫，例如：PostgreSQL。本書採用快速好上手的 BigQuery 作為示範，但之後你若要正式導入 dbt，則需要為你的團隊選擇一個合適的資料平台，本節將提供相關資訊，幫助你選擇。

▌什麼是 dbt Adapters

dbt 是透過 adapters 和這些資料平台連接，每個 adpater 都是一個開源的 Python 專案。adapters 可以分為 trusted 和 community 兩個類別：

- **Trusted adapters**：由官方、合作夥伴或社群所開發及維護，開發者必須參與官方的 Trusted Adapter Program，並遵循一系列的規範。部份 adapters 在 dbt Cloud IDE 有支援，例如：Snowflake、BigQuery、Redshift、Dalabricks、PostgreSQL；也有部份 adapters 尚未和 dbt Cloud 整合，例如：Teradata、Dremio。

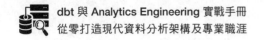

- **Community adapters**：由社群所開發及維護，僅能在 dbt Core 使用。由於未經官方認證，使用者必須自己注意專案品質。例如：SQL Server、MySQL、SQLite、Greenplum、DuckDB、Clickhouse。

選擇資料平台時，若能從官方認證的 trusted adapters 中做選擇，一般來說會較有保障。如果要選用 community adapters，建議先看一下更新速度、是否還有積極維護、大家都回報哪些問題等等，再決定是否要使用。

dbt Cloud 或 dbt Core

如前段所述，dbt Cloud 只有和部份 trusted adaptors 整合，如果你的團隊希望採用 dbt Cloud 而非 dbt Core，那就建議從 dbt Cloud 有支援的資料平台挑選。

dbt 的特定功能只支援部份資料平台

🗄 Python models

dbt 雖然是以 SQL 處理資料為主，但也有開放部份資料平台能使用 Python 處理資料。本書因篇幅的關係將不會提供詳細的介紹，如果有興趣的話，可以參考本節最後附上的線上資源。

截至 2024 年 8 月，Python models 有支援的資料平台：

- Snowflake
- Databricks
- BigQuery

若你的團隊習慣用 Python 處理資料，可以優先考慮這三個選項。

🗄 dbt Semantic Layer

傳統的資料建模架構是先在 dbt 建構好 table/view，指標（metrics）則分散在 BI 或其他下游的平台定義，不僅管理複雜，也容易造成指標定義不一致的問

題。dbt Semantic Layer 提供了一個更統一的指標管理方式,將指標定義集中在 dbt 專案中,並能跟隨 dbt 的開發部署流程。雖然此功能仍處於發展階段,且需使用 dbt Cloud 付費方案,但可以期待未來會更普及。8-5 會介紹更多原理。

截至 2024 年 8 月,dbt Semantic Layer 有支援的資料平台:

- Snowflake
- BigQuery
- Databricks
- Redshift

若你需要使用 dbt Semantic Layer 的功能,可以優先考慮這四個選項。

資料平台的功能考量

每個資料平台的機制不同,在 dbt 的使用方式也會有所差異,例如:權限管理、查詢效能、資料表的交易和鎖定機制等等。在 dbt 做資料建模時,皆需要配合資料平台本身的設計。

下游 BI 系統

dbt 產出的資料最終會被用於 BI 系統,或其他,例如:ML/AI 用途。因此,也需要考量團隊習慣用的 BI 或其他系統,和哪些資料平台搭配較順暢,確保 dbt 產出的資料能被順利使用。

價格考量

最後你也必須評估導入之後會有多少資料、多少使用者、需要多少運算資源。市面上的資料倉儲大多以運算的用量計費,而傳統的雲端資料庫大多以硬體規格和運行時間計費。這些都會是使用 dbt 的相關費用。

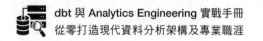

資料平台小結

如果你的團隊預算較充足，可以考慮最多人使用且功能最完整的資料平台，例如：Snowflake、BigQuery。如果團隊預算有限，但較有自行開發、自架資料庫的能力，則可以考慮 PostgreSQL 或其他開源、僅支援 dbt Core 的資料平台，例如：DuckDB、Clickhouse。

本節提到的資訊比較多，請不要擔心，現在還不急著做決定，你可以待學習完 dbt 的基本功能，有意願導入時，再仔細評估。

線上資源

 https://github.com/dbt-local-taipei/dbt-book-01/blob/main/chapter-02/02-06-01_resources.md

- Supported Data Platforms：dbt 支援的資料平台。

- Trusted adapters：由官方認證的 adaptors 列表。

- Community adapters：由社群開發的 adaptors 列表。

- Python Models：本書因篇幅的關係，不會介紹詳細操作範例，若你有興趣的話可自行參考官方文件。

本章小結

希望透過本章，你已經理解頂台小籠包在資料分析之路遇到的痛點、決定要採用 dbt 的原因，以及使用 dbt 之後的改變。Ch3 我們將帶你開始使用 dbt Cloud，若想跟著動手操作，請務必跟著 2-5 準備好 GitHub 和 BigQuery。

開始使用 dbt Cloud

本章將說明如何開始使用 dbt Cloud，並走完一個基本的開發、部署流程。若希望跟著步驟操作，你必須依 2-5 的說明，準備好 GitHub Repository 以及 BigQuery 的憑證（JSON 檔）。

● 3-1 建立 dbt Cloud 專案

註冊 dbt Cloud 帳號並建立專案

首先，由 dbt Cloud https://www.getdbt.com 註冊新帳號。若你是第一次建帳號，首次登入時，系統會自動引導建立新專案。請自訂專案名稱，例如：「dbt-jaffle-shop」。

圖 3-1　輸入專案名稱

▍連接 **BigQuery**

Choose a connection 請選「BigQuery」。

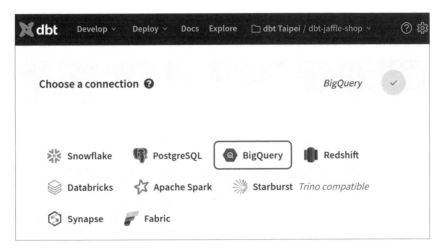

圖 3-2　選擇 BigQuery 為連線方式

> 📇 **資訊**
>
> 取得 GCP/BigQuery 憑證的方式請見 2-5。

請選擇「Upload a Service Account JSON file」上傳 GCP/BigQuery 的憑證 JSON 檔，上傳完成之後就會自動帶入各項設定。

圖 3-3　上傳 BigQuery 憑證

接下來，可以自訂測試資料的目標 dataset，例如：「dbt_dev」。其他選項先帶預設值即可，之後都還可以再改。完成後按「Test Connection」確認是否能正確連接。

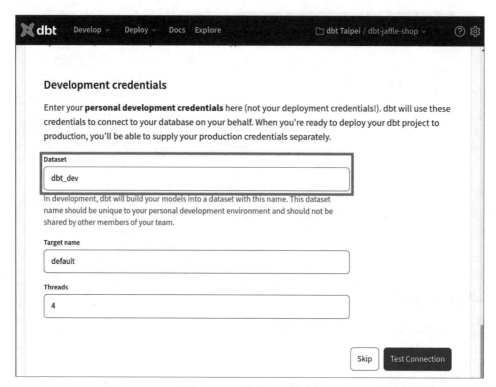

圖 3-4　設定 Dataset 名稱

連接 GitHub

 資訊

建立 GitHub 帳號以及 Repository 的方式請見 2-5。

Setup a Repository 請先選「GitHub」再點選「Connect GitHub Account」，依指示連結 GitHub 帳號。

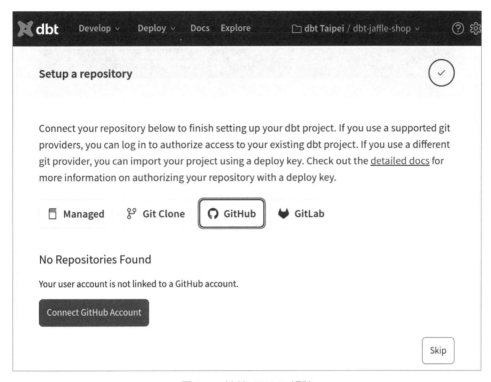

圖 3-5　連接 GitHub 帳號

選擇之前在 2-5 建立的 GitHub Repository「dbt-jaffle-shop」。

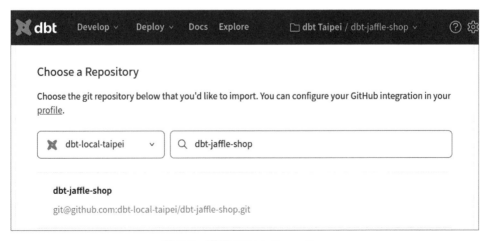

圖 3-6　選擇 GitHub Repository

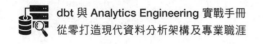

完成連結後即成功建立專案。

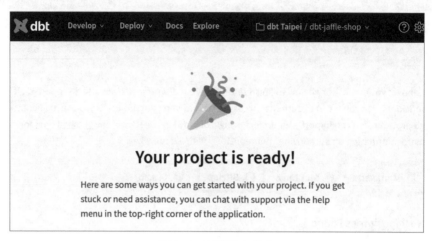

圖 3-7　專案建立成功

 分享

本節示範將 dbt 帳號直接和 GitHub 帳號綁定，此方法較容易操作，但有一些
限制，例如：每個 GitHub 帳號只能綁定一個 dbt 帳號。另一個連接 GitHub
Repository 的方式是用「Git Clone」，詳細的操作步驟可參考下方的線上
資源。

線上資源

https://github.com/dbt-local-taipei/dbt-book-01/blob/main/
chapter-03/03-01-01_dbt-cloud-git-clone.md

若選擇用 Git Clone 連結 GitHub Repository，你必須先取得 Repository 的
SSH URL 貼入 dbt Cloud，再將 dbt Cloud 產生的 Deploy Key 貼回 GitHub
並設定權限。如果不知道怎麼操作的話，可以參考此線上資源。

● **3-2 初始化專案、執行 SQL 查詢及建立 Model**

dbt Cloud 的兩大核心功能分別為開發（develop）和部署（deploy），本書將從「開發」開始介紹。請由首頁點選「Develop」→「Cloud IDE」。

圖 3-8　dbt Cloud IDE

▌初始化專案

首次進入 Cloud IDE 時，可以看到左下角的 File Explorer 只有一個空的資料夾，沒有任何檔案。

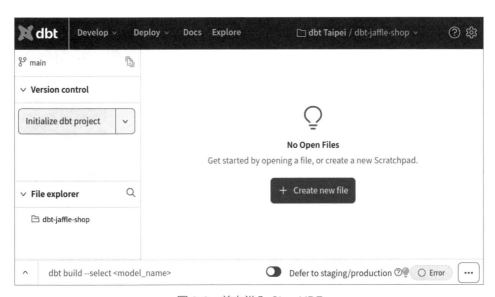

圖 3-9　首次進入 Cloud IDE

請點選「Initialize dbt project」，系統會自動產生 dbt 專案預設的資料夾結構及檔案。

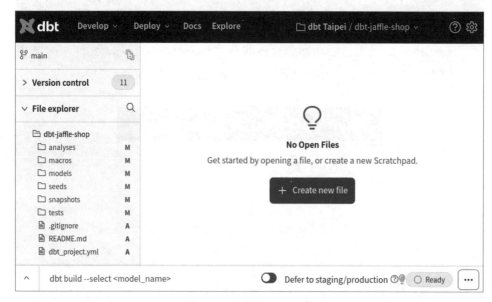

圖 3-10　初始化 dbt 專案

先按左上角的「Commit and sync」，並依指示輸入 commit message，這些檔案就會同步到 GitHub。

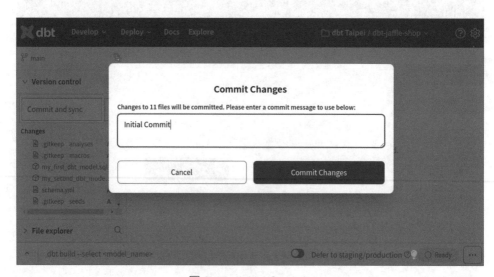

圖 3-11　Initial Commit

接下來請點選「Create branch」，輸入新的分支名稱，例如：「develop」。

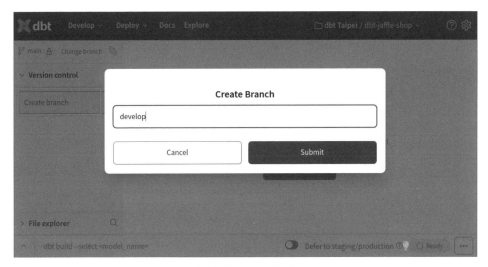

圖 3-12　建立分支

在 dbt Cloud IDE 執行 SQL 查詢

IDE 是 Integrated Development Environment（整合開發環境）的縮寫，除了可以編輯語法外，也能在同一個介面編譯、除錯。dbt Cloud IDE 也相同，除了和一般的 SQL Editor 一樣，可以執行一段 SQL 查詢語法、預覽資料，還能編譯、除錯。

2-5 在 BigQuery 測試的 SQL 語法，也可以到 dbt Cloud IDE 查詢看看。請在點選「Create new file」後，輸入以下語法，再按下「Preview」按鈕，就可以預覽結果。

```
select * from `dbt-tutorial.jaffle_shop.customers`
```

觀察查詢結果，可以得知這個 Table 是顧客資料，每筆為一位客戶，欄位包含顧客編號及姓名。

圖 3-13　預覽資料表「customers」

接下來，請預覽另一個 Table「orders」。

```
select * from `dbt-tutorial.jaffle_shop.orders`
```

「orders」是訂單資料，每筆代表一個訂單。

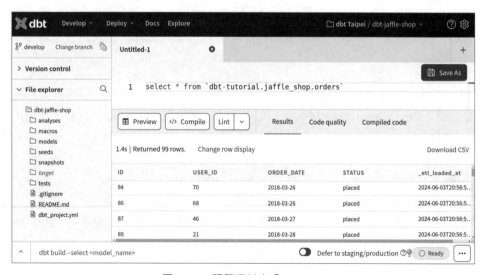

圖 3-14　預覽資料表「orders」

建立第一個 Model「customers」

接下來將示範一段 SQL 查詢，以「customers」為主表，用顧客代碼關聯「orders」，計算每位顧客的訂單數量。以下這段查詢分為四個 CTE（Common Table Expression，也就是 with xxx 這種寫法）

- 前兩個 CTE 分別取「customers」和「orders」兩個資料表。

- 第三個 CTE 將「orders」依顧客代碼 group by。

- 最後一個 CTE 將「customers」和前一步的結果 join 在一起。

> **資訊**
>
> 不想手動輸入的話，也可以由下方線上資源的 QR Code 至 GitHub 複製語法。

```
with customers as (select * from `dbt-tutorial`.jaffle_shop.customers),

orders as (select * from `dbt-tutorial`.jaffle_shop.orders),

orders_grouped_by_customer_id as (
    select
        user_id,
        count(id) as number_of_orders
    from orders
    group by user_id
),

customers_joined_with_orders as (
    select
        t0.id as customer_id,
        t0.first_name,
        t0.last_name,
        coalesce(t1.number_of_orders, 0) as number_of_orders
    from customers as t0
```

```
    left join
        orders_grouped_by_customer_id as t1
        on t0.id = t1.user_id
)


select * from customers_joined_with_orders
```

線上資源

customers.sql
https://github.com/dbt-local-taipei/dbt-book-01/blob/main/
chapter-03/03-02-01_customers.sql

別忘了再按一次「Preview」確認查詢是否有效。

圖 3-15　預覽查詢結果

接下來，把這段語法儲存到 models 資料夾。請按右上角的「Save As」，
資料夾選「models」，檔名請輸入「customers.sql」。如此就成功建立了第一個
model。

注意

新增 model 時，檔案名稱務必記得加上副檔名「.sql」，否則 dbt 將無法辨識。

圖 3-16　另存新檔

 資訊

什麼是 dbt model?

每一個在 models 資料夾底下，副檔名為 .sql 的檔案都是一段查詢語法，這在 dbt 中就叫做 model。

3-3 將 dbt model 實體化：dbt run 指令

前一節建立了第一個 dbt model「customers」。那麼 dbt model 是什麼？在 dbt 建立的 SQL 語法要如何在 BigQuery 看到？本節將介紹如何透過指令 `dbt run` 將 dbt model 在 BigQuery 實體化（materialize），實體化指的是將 dbt model 的語法，建立為 BigQuery 的 table 或是 view，讓資料可以在下游的 BI 或其他分析系統使用。

執行 dbt run 的第一個方法：由 model 點選

在 customers model 可以由「Build」按鈕旁邊的「v」箭頭展開所有指令。請點選「Run model」。

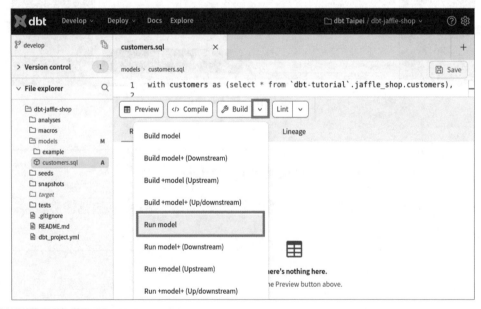

圖 3-17　點選「Run model」

　　由 Cloud IDE 左下角的「∧」箭頭展開，可以檢視執行結果為成功。在右邊區域可以檢視 log。

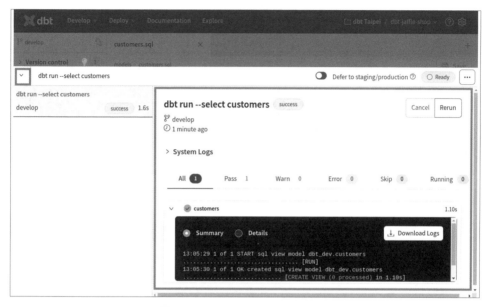

圖 3-18　customers dbt run 結果

　　由 log 可以看出，執行 **`dbt run`** 的時候，dbt Cloud server 在 BigQuery 建立了與 model 同名的 view「dbt_dev.customers」。

 資訊

「dbt_dev」是一開始建立專案時，指定的 dataset 名稱。

　　如果回到 BigQuery，可以看到執行完指令之後，確實生成了這個 view，完成實體化。

圖 3-19　BigQuery customers view

執行 dbt run 的第二個方法：直接輸入指令

除了由 model 點選按鈕之外，也可以直接從指令列輸入指令 `dbt run` 再按下「Enter」執行。相較於從 model 點選按鈕只會跑該 model，由指令列輸入 `dbt run` 則會執行專案內的所有 models。

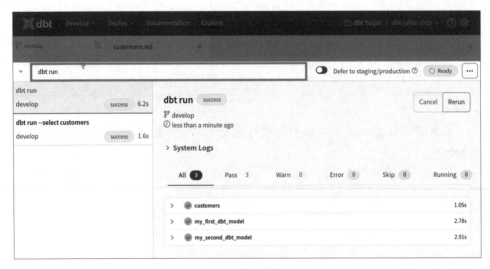

圖 3-20　由指令列執行 dbt run

更改 **model** 的實體化方式為 **table**

dbt model 預設的實體化方式為 view。View 相當於每次使用時即時查詢資料，雖然可以抓到最新的資料，但也會花一些運算資源及等待時間。對於較龐大的查詢，某些考量下會希望實體化為 table，除了預先運算可以節省時間外，更可以為 table 設定索引（index），方便後續的運用。

在 dbt 可以很容易的在 view 和 table 之間切換，只要在 model 的語法加上 {{ config(materialized="table") }}[1] 就可以將預設的 view 可以改為 table 了。

圖 3-21　更改實體化方式為 table

改完之後存檔後再按一次「dbt run」，執行完成之後可以從 log 看到該 model 被建立為 table。

1　config 的更多使用方式，將在 6-1 說明。

圖 3-22　成功實體化為 table

在 BigQuery 也能看到 customers 確實由原本的 view 變成了 table。

圖 3-23　BigQuery customers table

如此一來 customers model 的建立就告一段落，請按左上角「Version control」區塊的「Commit and sync」，將目前為止的異動提交並同步至 GitHub。

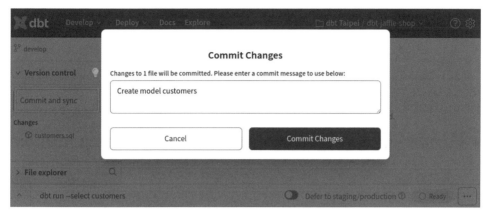

圖 3-24　提交 customers model 的異動

3-4　模組化：擺脫又臭又長的一整串語法

本節將說明如何把 customers model 模組化。在 dbt 中，與其在一個 model 包含所有邏輯，更傾向把一個 model 拆成多個 models，本節將說明模組化的好處以及示範操作方式。

▌模組化的好處：**SQL** 語法的維護性及可讀性

過去傳統的 SQL 撰寫方式，常常會發生以下狀況：

- SQL 查詢語法或 view 包含成千上百行語法，難以閱讀。

- 多個重複的邏輯，到處複製貼上，難以維護。

一般來說，對於龐大且複雜的 SQL 語句，應確保少用子查詢、多用 CTE 整理成較容易閱讀的形式。在 dbt 中則是可以更進一步，將這些 CTE 再拆成多個 models。拆成多個 model 將有以下好處：

- 方便分段除錯。

- 每個 model 都是可以重複利用的模組。

- 在 dbt 中，能將 model 之間的關聯以文件及圖形化的方式呈現。

> **資訊**
>
> dbt 官方有一系列關於專案架構、如何拆 model、如何命名的建議，將在 Ch8 介紹。

第一步：從「customers」model 拆出 staging models

先前建立的 customers model 包含四個 CTE：

- customers
- orders
- orders_grouped_by_customer_id
- customers_joined_with_orders

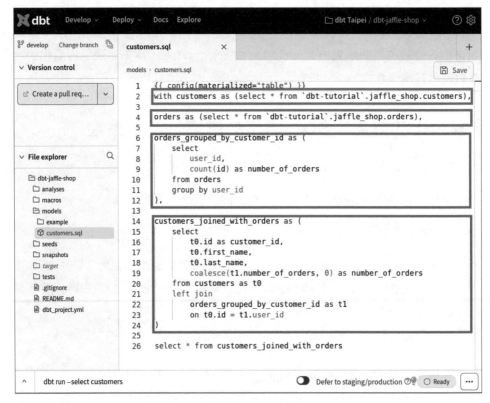

圖 3-25　回顧「customers」model

請在 models 底下新增資料夾「staging」，並在裡面新增兩個檔案：

- stg_customers.sql

- stg_orders.sql

再把「customers」model 中，「customers」和「orders」兩個 CTE 的內容分別貼到兩個檔案中。

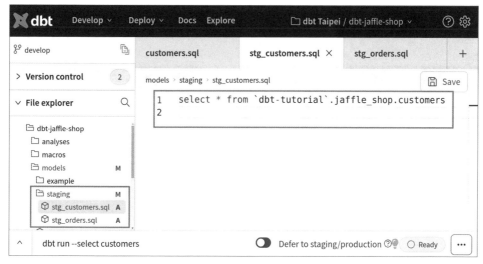

圖 3-26　建立「stg_customers」

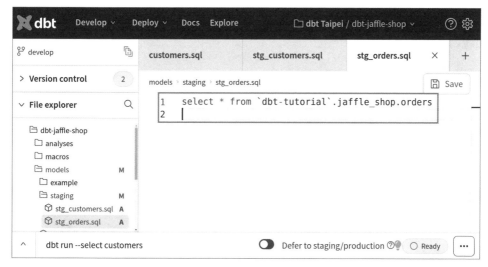

圖 3-27　建立「stg_orders」

接下來，把 customers model 中，原本 CTE 的內容，分別替換成如下「ref」的語法，就可以引用那兩個 models。

```
select * from {{ ref('stg_customers') }}
```

```
select * from {{ ref('stg_orders') }}
```

完成後，點開下方的「Lineage」頁籤，可以查看這些 models 之間的關係圖。

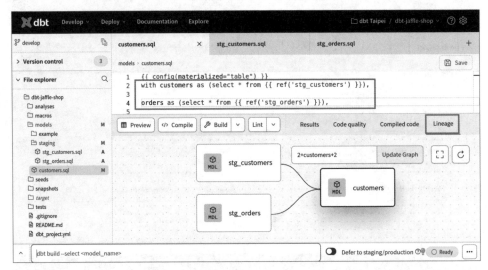

圖 3-28　將「customers」拆出 staging models

進一步拆解：source

接下來要進一步把「stg_customers」和「stg_orders」，使用到原始 table 的部份，進一步拆到「sources.yml」。

請在「models/staging」資料夾底下，建立檔案「sources.yml」，輸入以下語法：

```
version: 2

sources:
  - name: jaffle_shop
    database: dbt-tutorial
    schema: jaffle_shop
    tables:
      - name: orders
      - name: customers
```

 線上資源

 sources.yml

https://github.com/dbt-local-taipei/dbt-book-01/blob/main/chapter-03/03-04-01_sources.yml

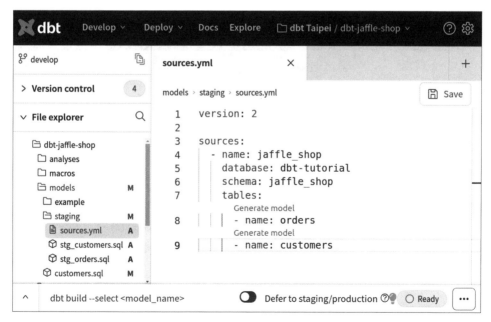

圖 3-29　建立 sources.yml

　　下一步，將「stg_customers」、「stg_orders」這兩個 models 中 from xxx 的部份，換成 source 的語法。

```
select * from {{ source('jaffle_shop', 'customers') }}
```

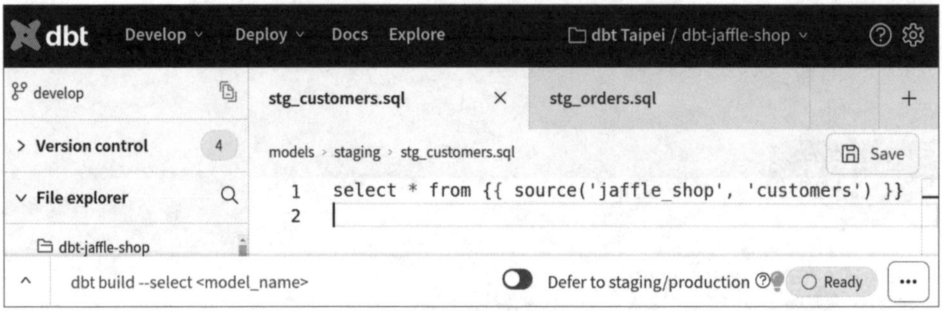

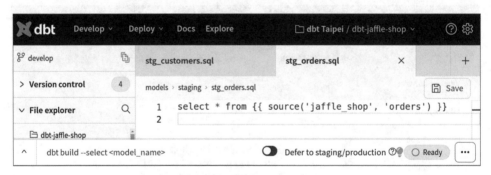

圖 3-30　更新 stg_customers

```
select * from {{ source('jaffle_shop', 'orders') }}
```

圖 3-31　更新 stg_orders

　　完成後，在 Lineage 中可以看到資料流為「sources → staging → customers」。

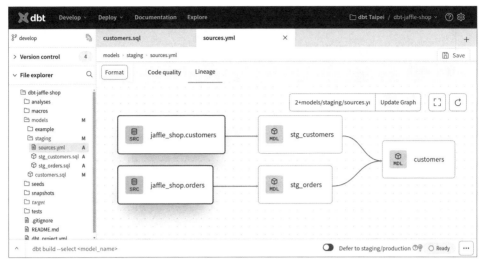

圖 3-32　Lineage「source-staging-customers」

在本節結束之前，將目前為止的異動提交並更新至 GitHub。

圖 3-33　提交異動

📋 分享

為什麼要把引用原始 table 的部份拆到 sources.yml？

Data warehouse 常包含多個來源的資料，例如：電商可能會使用不同的 datasets 來區分 Shopify、Amazon 和 Google Analytics 的資料，每個資料來源的特性和更新頻率都不同。在 dbt 會將所使用的 tables 列在 sources.yml 檔案中，將有以下好處：

- 可以一眼看出該資料源總共有哪些 tables 被使用。

- 能在 Lineage 檢視 models 的相依性。

- 有部份附加功能必須搭配 source 使用，例如檢查資料源的更新程度（dbt source freshness）。

● 3-5 部署前的準備：建立 Pull Request 並將變更併入 Main Branch

在 3-2 有提過，dbt Cloud 的功能可以區分為開發（develop）和部署（deploy）兩個部份。到目前為止都是「開發」的部分，也就是 Cloud IDE。3-6 則會進入「部署」，部署指的是在 IDE 撰寫完語法之後，將這些變更從測試環境部署到正式環境的流程。本節要說明的是部署前的準備工作：建立 pull request 並將變更併入 main branch。

圖 3-34　dbt Cloud-Deploy

▎Git 工作流程說明

本書前言中提到，建議在跟著操作之前，先具備以下基本的 Git 知識：

- 什麼是 git pull、git commit、git push。

- 分支（Branch）、PR（Pull Request）以及 merge。

考量到大多數缺乏軟體開發經驗的讀者，可能不熟悉這些知識，接下來會簡單介紹 Git 的概念以及工作流程。若覺得很複雜，也可以先跟著操作，事後再慢慢理解原理，或是使用前言提供的學習資源深入學習，請隨意選擇你習慣的學習方式。

🗄 什麼是版本控制系統？

版本控制系統（VCS，version control system）是用來追蹤檔案變更的工具，特別常用於軟體開發流程中。有了版本控制系統，就能紀錄並比較每次的變更，也可回溯到過去的某個時間點，不再擔心改壞了無法復原。

🗄 什麼是 Git ？

版本控制有多種的工具可以選擇，Git 是目前最受歡迎的分散式版本控制工具。只要安裝在自己的電腦上，就可以透過指令操作各項 Git 的功能。若要讓團隊共同開發，可以架設伺服器，讓大家把自己的程式碼同步到伺服器上。

🗄 Git 和 GitHub 有什麼不一樣？

Git 是版本控制工具本身，GitHub 則是提供 Git 託管服務的雲端平台。雖然如前段所説，可以自行架設伺服器，但現今大多數團隊還是會選擇現成的平台，無需自行管理伺服器即可在雲端協作，例如：GitHub 或者 GitLab。除此之外，這些平台還提供許多額外功能，如 Pull Request，進一步提升了協作的便利性。

🗄 什麼是 Repository（儲存庫）？

Repository 指的是存放原始碼的地方，也可以簡稱為 repo，可以想像成資料夾的概念，例如：一個 GitHub 帳號底下可以建立多個 repository，分別存放不同專案的程式語法。

本地端（local）？伺服器端（server）？

以 GitHub 的使用情境為例，你手上有一台電腦，就稱為「本地端」，以在 dbt Cloud 開發的使用情境來說，「本地端」指的就是 dbt Cloud IDE。你會先在自己的本地端開發，並把修改的內容提交（commit）到 Git。當你準備好將這些變更和團隊分享時，就會把它們同步（push）到 GitHub，也就是「伺服器端」。

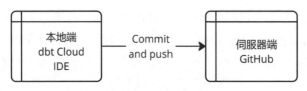

圖 3-35　Git 本地端 - 伺服器端

什麼是 git pull、git commit、git push？

這三個 Git 指令，以 dbt Cloud 搭配 GitHub 的使用情境來說，分別是：

- **git pull**：從伺服器端（GitHub）「拉取」更新，同步到本地端（dbt Cloud IDE）。同一個專案可能會有多人協作，透過 `git pull` 可以將別人修改的內容更新到自己的開發環境。

- **git commit**：「提交」本地端的變更，並附加 commit message（提交訊息）。

- **git push**：將本地端（dbt Cloud IDE）的變更「推送」到遠端（GitHub）。

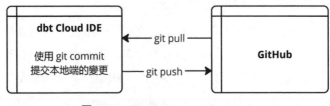

圖 3-36　Git pull、commit、push

用一個較生活化的例子來比喻：

- 你在自己的電腦編輯文章，編輯到一個段落的時候你會按下存檔，這就類似 `git commit`。但是 `git commit` 和一般的存檔不同，每一次的提交都需要附上 commit message，這樣在檢查歷史紀錄時，才能快速找到所需的變更。

- 告一個段落之後，你會把檔案上傳到雲端空間，讓團隊其他人能看到，類似 `git push`。

- `git pull` 則是有點像把雲端的最新版檔案下載回本機。

什麼是分支（branch），PR（Pull Request），和 Merge（合併、併入）？

多人同時修改同一個專案可能會導致衝突，因此在 Git 的工作流程中，每個開發者可以使用不同的分支來進行修改，避免影響其他人或正式環境。在 GitHub 新建立 repository 的時候，會有一個預設的分支，通常命名為「main branch」，代表正式運行的程式語法。

在本地端開發的時候，通常會再另建分支，例如：3-2 時示範在 dbt Cloud IDE 建立「develop branch」，這個分支相當於 main branch 的複本。在 push 時，目標也是 GitHub 的 develop branch，不會直接影響 main branch。

當你完成某個分支的開發工作後，可以在 GitHub 建立 Pull Request（PR），經過其他團隊成員的審查（review）後，才將你的分支「merge（合併、併入）」到 main branch。Pull request review 是軟體開發流程中常見的協作方式，透過 review、討論、修改，多幾雙眼睛幫忙看，就可以降低發生錯誤的機會。

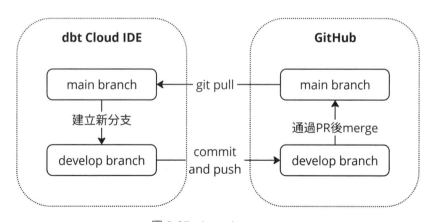

圖 3-37　branch、merge

▍建立 Pull Request 並將分支併入 Main Branch

如同剛剛的說明，正式的部署環境將使用 main branch。接下來將示範如何透過 GitHub 的 pull request，將 develop branch 併入 main branch。

請在 dbt Cloud IDE 將目前為止的異動都提交並更新到 GitHub 之後，點選「Create a pull request on GitHub」。

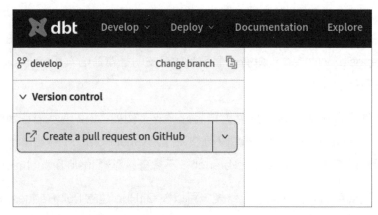

圖 3-38　dbt Cloud IDE-Create a pull request on GitHub

點選後，系統會自動開啟分頁至 GitHub。如圖 3-39 所示，這個畫面會比對 develop 和 main 兩個分支的差異。請檢查一下，例如：有 2 個 commits、總共 4 個檔案被異動，往下滾動即可逐行檢視。若確認無誤後，就可以按下「Create pull request」的按鈕。

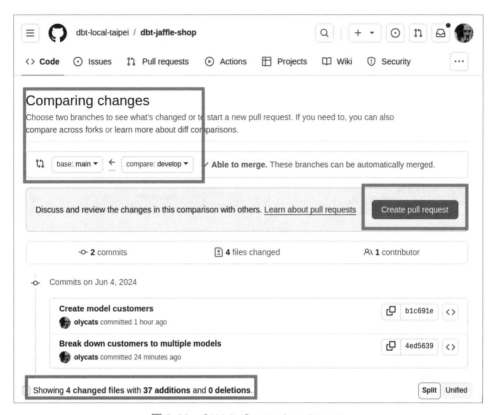

圖 3-39　GitHub-Comparing changes

請輸入 Pull Request 的 Title 以及 Description。

 資訊

一般來說提交 pull requests 時，會選至少一位團隊夥伴作為 reviewer，通過 review 流程才會 merge pull request。在此因為只是示範故先不選擇 reviewer。

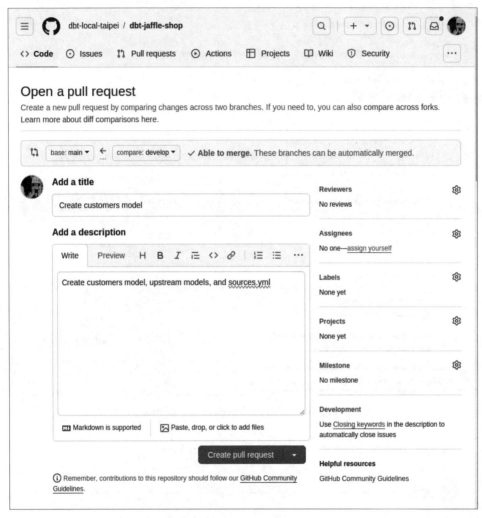

圖 3-40　GitHub-create pull request

　　成功建立 pull request 後，請點選「Merge pull request」，再點「Confirm merge」。

資訊

如上所述，一般來説正式流程會先通過 pull request review，確認修改的地方都沒問題，才會 merge pull request。GitHub 也能設定規則，強制必須通過 review 才能 merge。在此因為只是示範故跳過 review 流程。

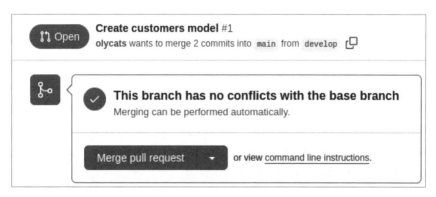

圖 3-41　GitHub-merge pull request

完成後，這些變更就會併入 main branch。

圖 3-42　GitHub- 完成 merge pull request

● 3-6 在 dbt Cloud 建立部署環境及定時排程

在 3-5 完成了部署正式環境的前置作業，將開發環境的變更都同步到了 main branch，本節要繼續說明如何在 dbt 建立部署環境及設定 dbt Cloud job。設定完成後，就可以依照指定的頻率更新資料，讓下游的 BI 以及其他分析系統使用。

完整的工作流程：dbt 正式部署環境及 dbt Cloud job 運作方式

如同 3-5 的說明，透過 Git 不同的分支，可以區分正式環境及開發環境的程式語法，並確保在部署到正式環境之前，都經過了審核流程。然而，Git 的管理僅僅是程式語法本身，本節將進一步說明，在 dbt 產出到 BigQuery 的資料，為何需要隔開正式環境及測試環境、如何操作，以及在 dbt 的工作流程中如何使用 Git 分支。

🗄 BigQuery 開發環境及正式環境不同的目標 datasets

先從圖 3-43 的下方開始說起。在 dbt 會為正式環境及開發環境設定不同的 BigQuery 目標 datasets，例如：開發環境使用 dataset「dbt_dev」，正式環境則使用 dataset「dbt_prod」。

「dbt_dev」可以在開發環境任意使用，做任何測試、驗證，而「dbt_prod」將正式提供下游的 BI 以及其他分析系統使用，必須嚴格且謹慎管理。

🗄 開發環境

前幾節在 dbt Cloud IDE 的操作，都屬於圖 3-43 最左邊的「Cloud IDE」區塊。在執行 `dbt run` 或其他指令時，dbt Cloud Server 會將開發環境的 model，實體化至 BigQuery 的 dataset「dbt_dev」，不會影響到正式環境的資料。

🗄 從開發環境到正式環境

重複說明一次 3-5 的操作，也就是圖 3-43 的中上區塊。待開發完成之後，就將程式語法同步到 GitHub，並建立 pull request，讓其他團隊成員審核、討

論之後，併入 main branch。任何變更如果要生效到正式環境，都需要經過這個 pull request 的流程。

正式部署環境及 dbt Cloud job

更新了 main branch 之後，接下來要說明的是 dbt 的工作流程如何使用 main branch，也就是圖 3-43 的右上區塊。

首先，需要指定不同的 BigQuery 目標 dataset「dbt_prod」，與開發環境所使用的 dataset「dbt_dev」有所區隔。接下來，在 dbt 建立 dbt Cloud job，可以在指定的頻率，執行 **dbt run** 或其他指令，例如：每天一次或每小時一次；除了定期執行之外，也可以手動觸發。每次在執行 job 的時候，dbt 會從 GitHub 的 main branch 抓取最新版本的程式語法，產出的資料會在 BigQuery 的指定目標 dataset「dbt_prod」。

工作流程小結

這個流程搭配了 Git 流程以及 BigQuery 不同的 target datasets，清楚區隔了開發環境以及部署環境，且確保正式環境的資料皆使用 main branch 的程式語法產出。接下來會示範實際的操作步驟。

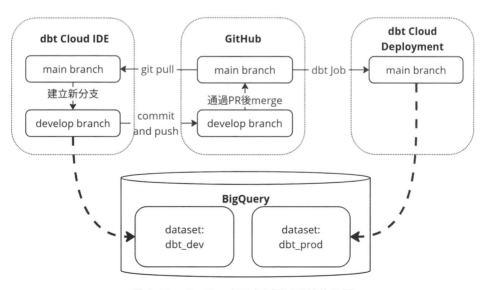

圖 3-43　dbt Cloud 正式和測試環境的分隔

建立部署環境

請在 dbt Cloud 點選「Deploy」→「Environments」。目前只有 Development Environment（開發環境），也就是在 3-1 所建立，從 3-2 到 3-4 一直使用的 dataset「dbt_dev」。

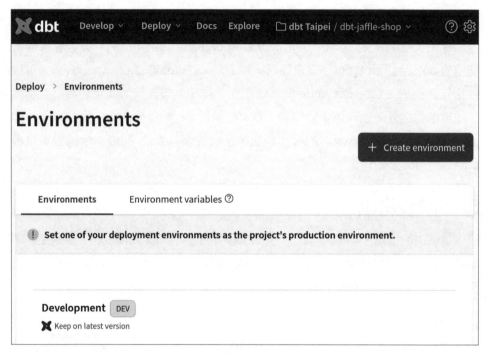

圖 3-44　dbt Cloud-Environments

接下來要建立 deployment environment（正式部署的環境）。請點選「+ Create Environment」

- Environment name：輸入名稱，例如：「Default Production Environment」。

- Deployment Credentials：輸入自訂的 dataset 名稱，例如：「dbt_prod」。

- 其他選項可以先用系統預設值，不用特別選。

- 按「Save」完成存檔。

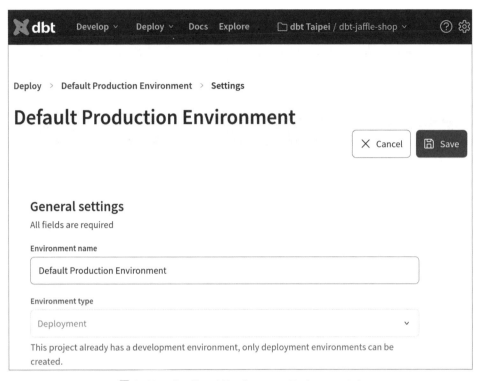

圖 3-45　dbt Cloud-Deployment Environment-1

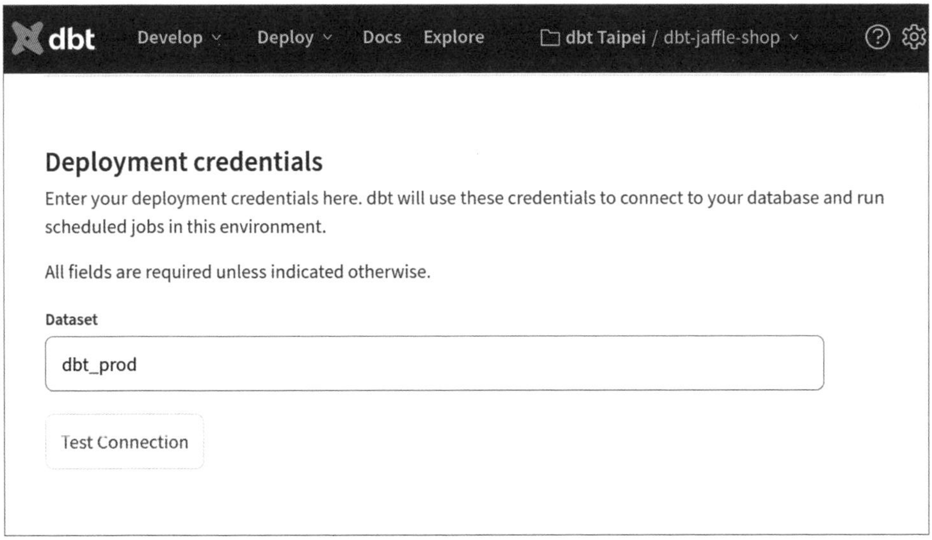

圖 3-46　dbt Cloud-Deployment Environment-2

▌建立 Job 並執行

環境建完了之後，就可以開始建立 Job。請點選「Deploy」→「Jobs」，再選「+Create Job」→「Deploy job」。

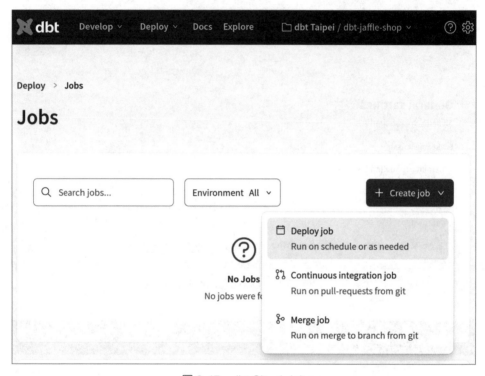

圖 3-47　dbt Cloud-Job

請輸入 Job 名稱以及描述，例如：

- Job Name「dbt run」。

- Description「Run all dbt models」。

Environment 請選剛剛新建的「Default Production Environment」。

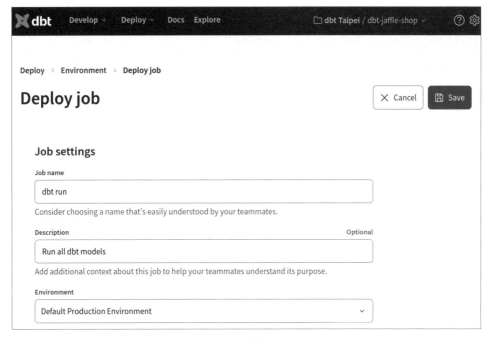

圖 3-48　dbt Cloud- 建立 Job-Job settings

Execution settings 中，請在 Commands 輸入 `dbt run`。

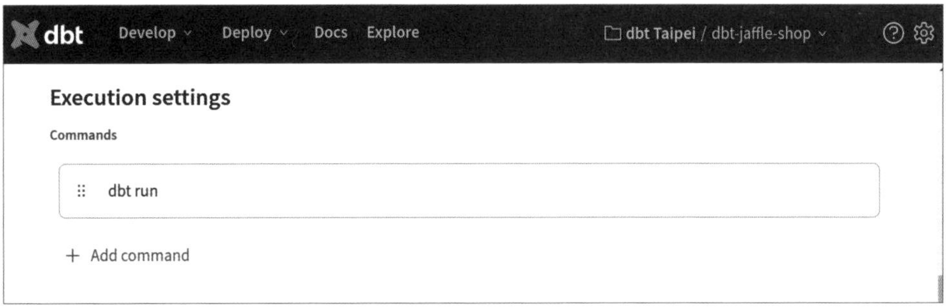

圖 3-49　dbt Cloud- 建立 Job-Execution settings

下面的 Triggers 可以設定排程，例如：每天或每小時執行，現在可以先跳過。

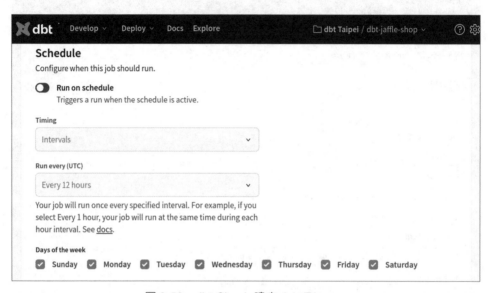

圖 3-50　dbt Cloud- 建立 Job-Triggers

最後按下「Save」即建立完成。請按「Run Now」執行看看。

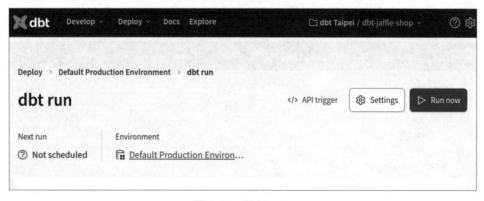

圖 3-51　執行 Job

請點選「Deploy」→「Run history」檢查執行狀態。完成後若顯示綠色勾勾即代表成功。

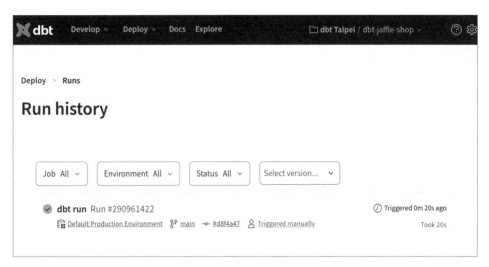

圖 3-52 Job History

點進去可以看到總共執行了四個步驟：

- **Clone git repository**：從 GitHub 抓取最新的 Repository。

- **Create profile from connection BigQuery**：連接 BigQuery。

- **Invoke dbt deps**：安裝 dbt 套件（packages），之後在 6-4 會再介紹。

- **Invoke dbt run**：在建立 Job 時，設定要執行的指令。

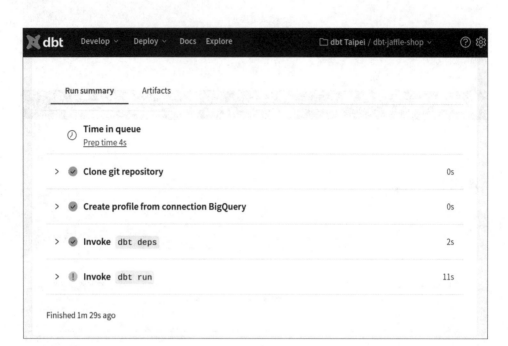

圖 3-53　Job Details

另外在圖 3-54 中，也可以看到 Commit SHA 為「#d8f4a47」，比對 GitHub 可以確認和目前的 main branch 吻合。

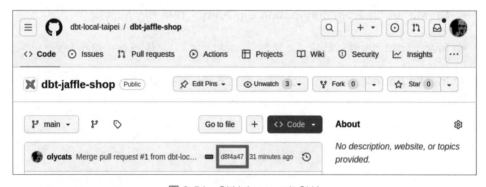

圖 3-54　GitHub commit SHA

最後到 BigQuery 檢查結果，也可以看到執行完 job 後，自動生成了 dataset 「dbt_prod」，dbt models 也在這個 dataset 底下，產生了對應的 table 或 view。

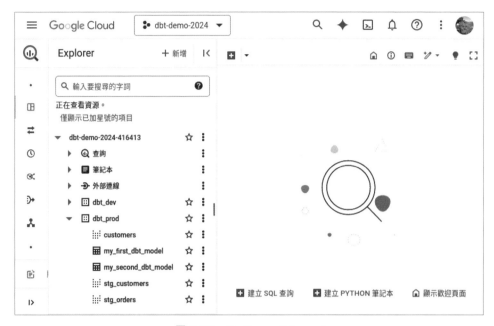

圖 3-55　BigQuery dbt_prod

本章小結

本章到目前為止，介紹了 dbt Cloud 完整的的開發及部署流程，以及 dev 及 prod 兩個環境的區別。在 Ch4 會繼續在 dbt Cloud 介紹更多功能，包含 test 及文件。

Note

在 dbt Cloud IDE 上開發

Ch3 介紹建立帳號、在 Cloud IDE 如何初始化專案及開發 models、如何在 GitHub 上版以及 dbt 的部署功能，走過一次完整的循環。本章將繼續介紹 dbt 的重要功能及知識：

- **4-1 至 4-4**：介紹 dbt 的 tests（測試）、文件（documentation）、以及 seeds（種子資料）。

- **4-5**：解釋新手在學習過程中需要了解的觀念，幫助你排除錯誤、減少卡關。

- **4-6**：介紹 dbt Cloud 進階功能：dbt Assist，可以自動生成文件及測試項目，減少人工作業。

- **4-7**：討論 dbt Cloud 價格方案。若要向公司提案，必定要提出預算和時程的詳細規劃。

▎回到 dbt Cloud IDE

在 Ch3 的後半段暫時離開 Cloud IDE，操作了部署（deploy）的功能。本章將繼續回到開發（develop）的功能，請由 dbt Cloud 的 Develop 開啟 Cloud IDE。

這次進入 Cloud IDE 時，Version control 的按鈕會變成黃色的「Pull from "main"」，這是由於系統偵測到 GitHub 的 main branch 有異動。按下按鈕後，Cloud IDE 就會執行 `git pull` 將 GitHub 的 main branch 同步到 dbt Cloud，如此一來便能確保 local branch「develop」和正式版本一致。

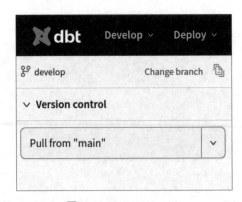

圖 4-1　Pull from main

● **4-1 dbt tests 簡介：以 example 資料夾為例**

在傳統的 SQL 開發流程中，測試或資料驗證往往不是被忽略、就是耗時耗力。許多剛入行的新手缺乏資料操作技能和資料檢核觀念，不會花時間檢查資料。另一方面，稍有經驗的朋友，或許會撰寫 SQL 語法或將資料匯出至 Excel，並使用公式和樞紐分析表檢查資料是否正確。雖然這種方式可以提升對資料品質的信心，但卻耗費了大量精力。

dbt 則有內建測試的功能，先透過 YAML 檔案定義測試項目，再透過指令執行測試，就能輕鬆執行資料檢驗。dbt tests 的重要性在於可以結合開發和部署流程，用更低的成本確保專案擁有穩健的資料品質。

dbt 提供多種測試方法，例如：

- 在 YAML 檔中定義內建的 generic tests[1]。

- 在 test 資料夾底下定義 singular tests（自己撰寫想要檢驗的語法）。

- 利用官方或社群所開發的相關 tests 套件。

本章將在 4-1 和 4-2 先介紹 dbt 內建的 generic tests，只要建立 YAML 檔就可以使用，不需要寫很多語法或是額外安裝任何套件。在 Ch7 則會深入介紹其他進階的測試方法。

| Generic Tests：4 個 dbt 內建的基本 tests

dbt 內建的 4 種 generic tests 分別為：

1. **unique**：確保指定欄位在 model 中沒有重複值，例如：訂單編號「order_id」應該是唯一的。

2. **not_null**：確保一個欄位沒有 null 值，例如：訂單編號「order_id」不能為 null。

1　Generic Tests 舊名 Schema Tests，在比較舊的文章或許會看到不同的用詞。

3. **accepted_values**：確保一個欄位只包含一些特定的值，例如：訂單狀態只能是「completed」、「returned」等幾種狀態之一。

4. **relationships**：確保一個外鍵參考的值在另一個表中存在，例如：訂單中的「customer_id」必須存在於客戶表中。

本節將利用專案初始化所產生的 example 資料夾說明「unique」以及「not_null」兩種 tests。在 4-2 則會延續 Ch3 的 customers model，建立其餘兩種 tests「accepted_values」以及「relationships」。

▌example 資料夾的 models 以及測試項目

models 底下的「example」資料夾包含初始化專案時生成的範例，先用這幾個 models 說明測試如何運作。

觀察「my_first_dbt_model」只有包含一個欄位「id」，總共兩列，一列為 1，另一列為 null。

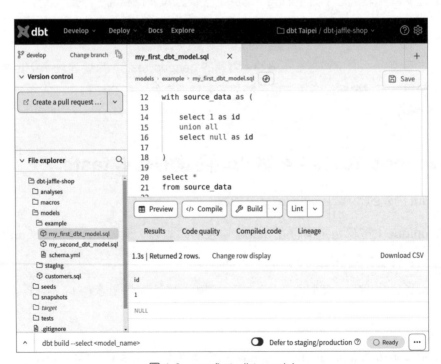

圖 4-2　my_first_dbt_model

「my_second_dbt_model」直接引用 my_first_dbt_model 後加上條件 where id = '1'。

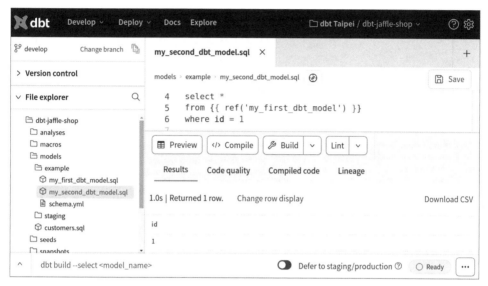

圖 4-3　my_second_dbt_model

「schema.yml」中定義了欄位的測試項目，檢核「id」必須為 unique 及 not null。

 資訊

另在 schema.yml 也定義了兩個 model 的 description，和 columns 的 description。
這些是用於 dbt 自動生成的文件，將在 4-3 說明。

圖 4-4　schema YAML

測試 my_first_dbt_model

接下來請開啟「my_first_dbt_model」，在「Build」按鈕的下拉選單，先按「Run model」，再按「Test model」。由於 dbt tests 是針對目標資料庫的 table 或 view 檢核資料，所以必須先執行「dbt run」，將 model 實體化為 BigQuery 的「dbt_dev.my_first_dbt_model」，接下來才能執行「dbt test」，讓 dbt Cloud server 去檢查「dbt_dev.my_first_dbt_model」這個 table 是否能通過測試。

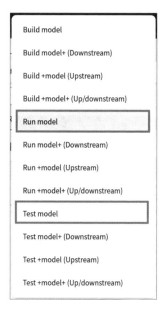

圖 4-5　test model

由執行結果可以看到，unique test 的結果成功，但 not null test 失敗。

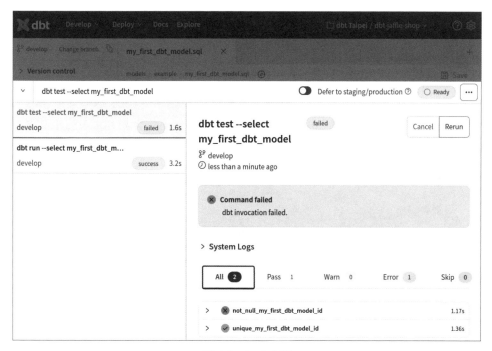

圖 4-6　test 失敗

▎修正測試失敗的 **my_first_dbt_model**

接下來請在 my_first_dbt_model 將 id 為 null 的資料排除，請將第 27 行 `where id is null` 取消註解。

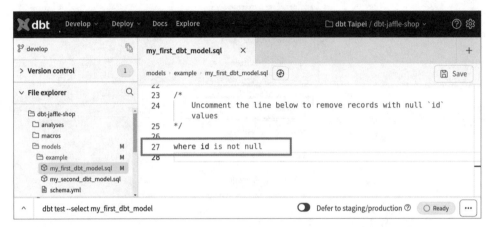

圖 4-7　排除 null

接下來請同樣先按「Run model」，再按「Test model」。修改後的 dbt model 排除了 null 值，故測試結果為成功。

注意

一定要先執行 run，將 model 實體化到 BigQuery，才能測試，因為 dbt tests 檢查的是資料本身（BigQuery 的 table 或 view）而不是針對 dbt 中的語法做檢查。

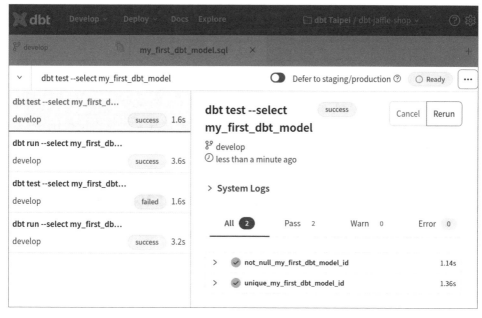

圖 4-8　test 成功

▎提交變更

最後，請將修改過的「my_first_dbt_model」提交變更至 GitHub。

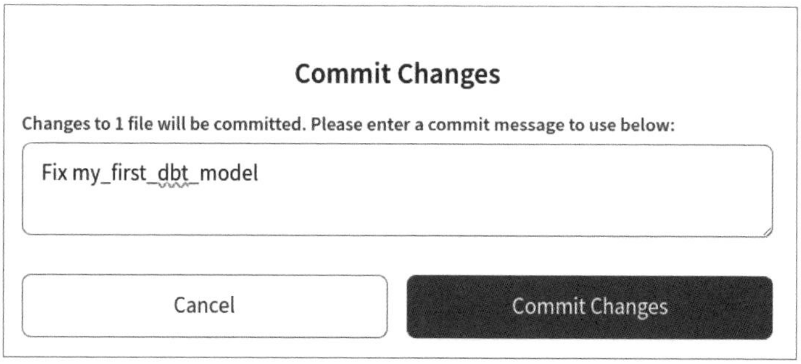

Commit Changes

Changes to 1 file will be committed. Please enter a commit message to use below:

Fix my_first_dbt_model

Cancel　　　　Commit Changes

圖 4-9　Fix my_first_dbt_model

● 4-2 更多測試方法、dbt build 指令

在 4-1 用 dbt 初始專案為例，說明了 dbt 內建的兩種測試方法「unique」和「not null」兩種。本節將說明如何幫 Ch3 建立的 customers model 及其上游的 staging models 建立測試項目，以示範其餘兩種測試方法：「Relationships」和「Accepted Values」。

▌為 customers 以及上游的 staging models 加入測試

4-1 說明的方式是在「schema.yml」裡面定義了兩個 model 的測試項目。本節將採用另一個常見的作法，為每一個 model 都建立同名的 YAML 檔，較方便查看及維護。

請在 models 新增一個檔案「customers.yml」，以及「models/staging」資料夾新增兩個檔案「stg_customers.yml」和「stg_orders.yml」，並加入以下內容：

🗄 customers.yml

```
version: 2

models:
  - name: customers
    columns:
      - name: customer_id
        tests:
          - unique
          - not_null
```

線上資源

customers.yml
https://github.com/dbt-local-taipei/dbt-book-01/blob/main/
chapter-04/04-02-01_customers.yml

🛢 stg_customers.yml

```
version: 2

models:
  - name: stg_customers
    columns:
      - name: id
        tests:
          - unique
          - not_null
```

stg_customers.yml
https://github.com/dbt-local-taipei/dbt-book-01/blob/main/
chapter-04/04-02-02_stg_customers.yml

🛢 stg_orders.yml

```
version: 2

models:
  - name: stg_orders
    columns:
      - name: id
        tests:
          - unique
          - not_null
      - name: status
        tests:
          - accepted_values:
              values:
                ["placed", "shipped", "completed", "return_pending", "returned"]
      - name: user_id
        tests:
```

```
    - not_null
    - relationships:
        to: ref('stg_customers')
        field: id
```

線上資源

stg_orders.yml
https://github.com/dbt-local-taipei/dbt-book-01/blob/main/
chapter-04/04-02-03_stg_orders.yml

此例子除了針對重要的欄位加入「unique」和「not null」測試項目，在
「stg_orders」也定義了 status 欄位允許的值：

```
    - accepted_values:
        values: ['placed', 'shipped', 'completed', 'return_
pending', 'returned']
```

以及 customer_id 必須存在於 stg_customers。

```
    - relationships:
        to: ref('stg_customers')
        field: id
```

▎指令 dbt build

在 4-1 曾提過，在執行 `dbt test` 前必須先執行 `dbt run`。接下來要介紹新
的指令 `dbt build`，這個指令結合了 `dbt run` 和 `dbt test`，可以省去分別執行
兩個指令的麻煩。

分享

官方文件的定義

The dbt build command will：

- run models

- test tests

- snapshot snapshots

- seed seeds

和 `dbt run` 相同，`dbt build` 和 `dbt test` 除了在每個 model 點擊按鈕執行，也可以由指令列輸入，一次對專案內的所有 model 執行。現在，請在指令列輸入 `dbt build`，試試看剛剛新增的測試項目是否能通過。如果成功的話就會顯示「success」。

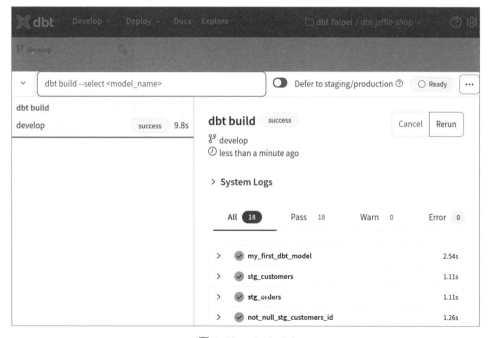

圖 4-10　dbt build

dbt build：若上游 model 的測試失敗，下游就不會繼續更新

dbt 在執行 `dbt build` 時會依照 model 上下游關係，每個 model 依序執行 `dbt run` 和 `dbt test`，若成功就會繼續執行下游 model 的 `dbt run` 和 `dbt test`，如果失敗的話則會略過。

接下來請製造一個測試失敗的情境，請將「stg_orders.yml」中 accepted_values：`['placed', 'shipped', 'completed', 'return_pending', 'returned']` 改成 `['placed', 'shipped', 'completed']`，故意拿掉一些允許出現的狀態，讓測試失敗。

接下來執行 `dbt build`，執行結果除了 status 的測試失敗以外，也會看到下游的 customers 和這個 model 的測試出現在「Skip」的頁籤。

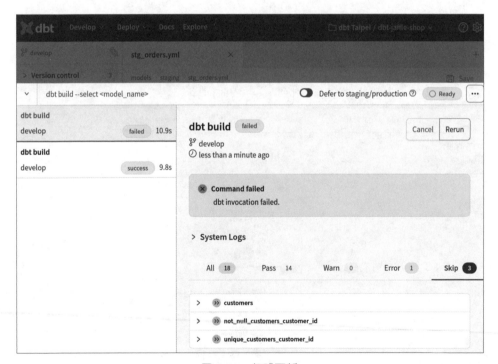

圖 4-11　忽略更新

▍提交變更

最後，請將剛剛測試失敗的案例復原，再執行一次 `dbt build` 確認正確無誤後，提交目前的變更。

圖 4-12　提交變更

● 4-3 dbt 文件：在 Cloud IDE 產生、閱讀及編輯文件

本節將介紹 dbt 的文件功能（documentation），dbt 的文件為 dbt 內建的靜態網頁，使用指令就能生成，內容包含每個 model、column 的說明及 DAG。

如果沒有 dbt 的文件功能，許多 data 團隊會採用 Word、Excel、Google Sheets、Notion、Confluence 等工具製作文件，說明每個 table、column，方便其他人理解。但製作大量文件後續維護不易，導致參考價值下降。

在 dbt 中能透過一行指令 `dbt docs generate`，自動產出文件。自動生成不僅避免人工維護的時間，也能降低資訊過時的問題。統一於 dbt 專案中管理，不只避免分散維護，更能遵循 dbt 的開發部署流程。

dbt docs generate 指令

請在 Cloud IDE 的指令列執行指令 `dbt docs generate` 產生文件。

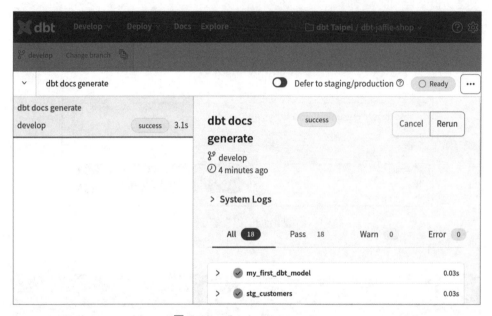

圖 4-13　dbt docs generate

在 Cloud IDE 檢視文件

執行完成後，點選「View Docs」的圖示就可以檢視最近一次產出的文件。

圖 4-14　Cloud IDE - View docs

從「Project」頁籤中，左下區塊的「Projects」，可以看到所有專案底下所有的 models。點選其中一個 model，例如：「my_second_dbt_model」，可以看到自動產生的文件內容，包含 model 的 description。圖 4-15 的 description「A starter dbt model」就是在 YAML 檔所定義的內容。稍後會示範如何為 customers model 新增 description。

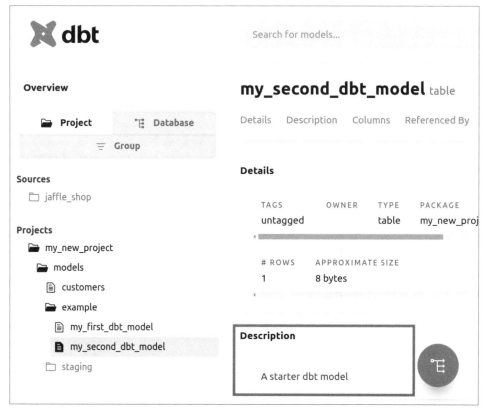

圖 4-15　dbt docs-description

再往下滾動是「Columns」。欄位名稱及型態是 dbt 自動產生的，description 則是在 YAML 檔所定義的。Data tests 則顯示有兩個 tests，「U」代表 unique test，「N」代表 not null test。More 的「>」可以展開細節。

圖 4-16　dbt docs-columns

再往下是「Reference By」也就是下游（哪些 models 或 tests 會用到這個 model）和「Depends On」也就是上游（這個 model 會用到誰）。此外，還可以點選右下角的「View Lineage Graph」按鈕，以圖像的方式檢視。

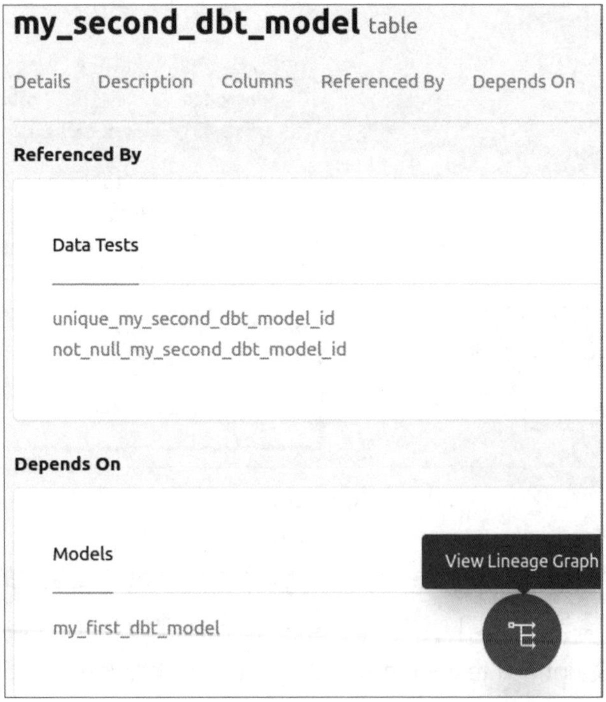

圖 4-17　dbt docs- 上下游

Lineage graph 的右上角可以開啟 / 關閉全螢幕檢視。

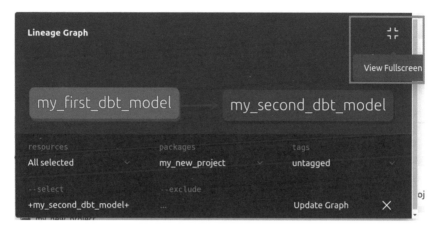

圖 4-18　dbt docs-lineage

最下面是「Code」也就是定義此 model 的語法。

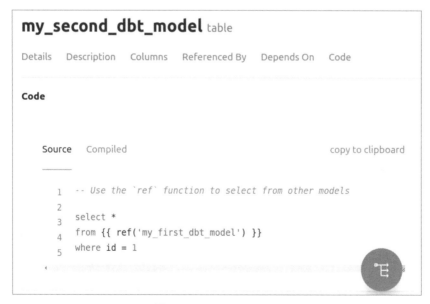

圖 4-19　dbt docs-code

編輯 model 和欄位的 description

dbt docs 就和 dbt tests 相同，先在 YAML 中定義，再執行 dbt 指令。仿照「my_first_dbt_model」和「my_second_dbt_model」，請依照以下範例，在「customers.yml」中加入 model 及各個欄位的 description。

```yaml
version: 2

models:
 - name: customers
   description: This table combines customer information with order data
to show how many orders each customer has placed.
   columns:
     - name: customer_id
       description: The unique identifier of customers.
       tests:
         - unique
         - not_null
     - name: first_name
       description: First name of the customer.
     - name: last_name
       description: Last name of the customer.
     - name: number_of_orders
       description: Total number of orders of the customer.
```

線上資源

customers.yml
https://github.com/dbt-local-taipei/dbt-book-01/blob/main/
chapter-04/04-03-01_customers.yml

存檔後請再執行一次指令 `dbt docs generate`，再開啟文件頁面，確認結果。

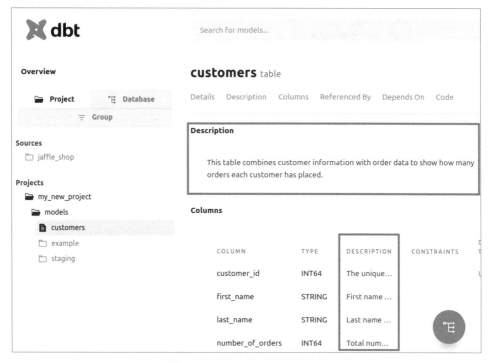

圖 4-20　dbt docs-customers

提交變更、建立 Pull Request 及併入 main branch

在介紹正式環境之前，請提交變更，並建立 Pull Request 及併入 main branch，將目前的變更同步到正式環境，在正式環境產生文件時，才能看到最新的版本。

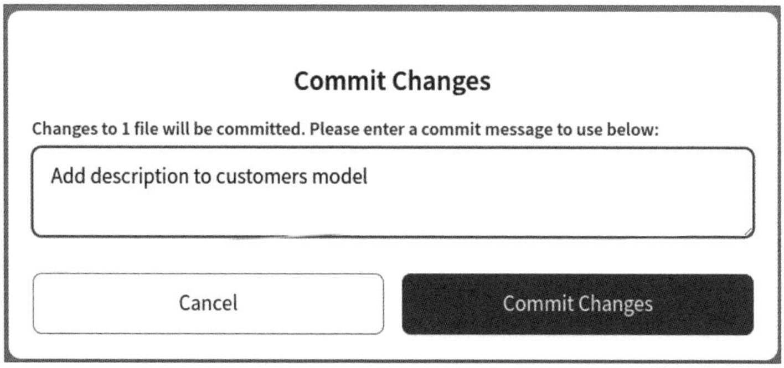

Commit Changes

Changes to 1 file will be committed. Please enter a commit message to use below:

Add description to customers model

Cancel　　　　　　　Commit Changes

圖 4-21　提交變更

圖 4-22　Merge PR

在正式環境產出文件

在 Ch3 曾經建立了 job 可以定期或者手動執行 dbt 指令，請編輯該 job，在
「Execution settings」，勾選「Generate docs on run」。

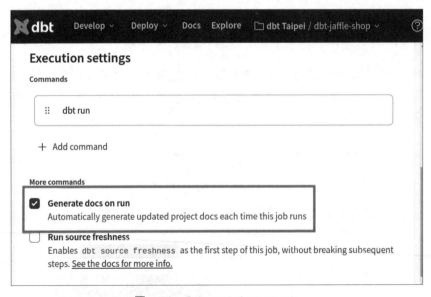

圖 4-23　Generate docs on run

請再跑一次這個 job，並檢查是否多了一個步驟「Invoke dbt docs generate」。

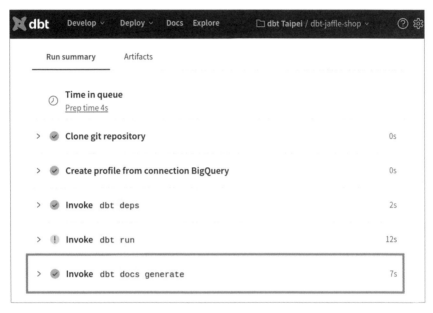

圖 4-24　job-dbt docs generate

接下來需要調整專案設定。請由右上角點選齒輪的圖示，再點選「Account settings」→「Projects」選擇專案「dbt-jaffle-shop」進入專案設定。

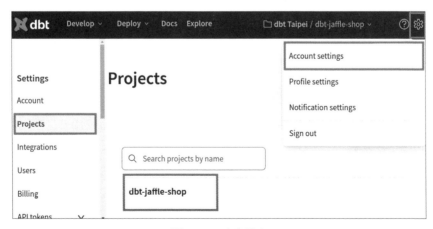

圖 4-25　專案設定

請在 Artifacts 的「Documentation」選擇 job「dbt run」。

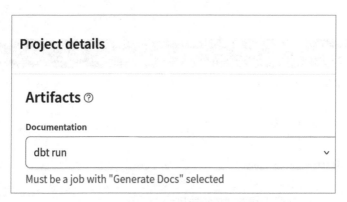

圖 4-26　選擇文件所使用的 job

在正式環境檢視文件

正式環境的文件，若使用免費的 Developer 方案，請點選「Docs」或「Documentation」就可進入文件頁面。正式環境和開發環境的版面完全相同，在此就不重複說明了。

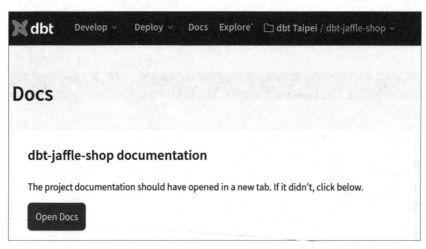

圖 4-27　在正式環境檢視文件

資訊

dbt 有提供 persist_docs 功能，可以將 dbt doc 透過 adapters 串接到支援的
資料平台上，截至 2024 年 8 月已支援 6 個主要的資料平台：

- Postgres

- Redshift

- Snowflake

- BigQuery

- Databricks

- Apache Spark

本書示範採用的 Metabase 也可以透過 dbt-metabase 取得 dbt models 的
table、column 描述。

● 4-4　手動維護的 CSV 資料源：dbt seeds

為什麼需要 seeds：用 mapping table 取代寫死在 model 的 case when

複習一下先前建立的 model「stg_orders」，每一筆代表一個訂單，直接取用
「orders」的所有欄位，未做任何轉換。

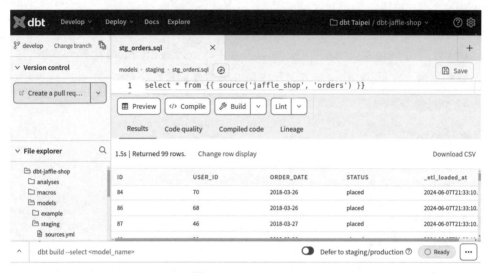

圖 4-28　stg_orders

其中訂單狀態（status）所有可能的值如下

- placed

- shipped

- completed

- returned

- return_pending

若要將訂單狀態分類是否為有效訂單，可以在 stg_orders 新增一個欄位 is_valid (Y/N)

- Y：status = placed, shipped, completed

- N：status = returned, return_pending

這樣的需求或許可以用 case when 來處理，例如：

```
with source as (select * from {{ source('jaffle_shop', 'orders') }}),

transformed as (
    select
```

```
    id,
    user_id,
    order_date,
    status,
    _etl_loaded_at,
    case
        when status in ('placed', 'shipped', 'completed')
            then 'Y'
        when status in ('returned', 'return_pending')
            then 'N'
    end as is_valid
  from source
)

select * from transformed
```

在這個例子中，訂單狀態僅有五種值的情況下，可以很容易的用 case when 來判斷。但實務上，或許會碰到數十個甚至數百個值需要對照，這時候絕對不會想要寫如此冗長的 case when，而較傾向另外建立一個 mapping table，再透過 left join 比對進去。那麼問題來了：這個 mapping table，要如何存放在資料庫？更新的流程是什麼？有些人會透過 create table、insert into table 或者 update 指令手動維護這樣的資料，但這樣的方式既費時又容易出錯，而且缺乏版控，難以追溯變更紀錄。在 dbt 則可使用 seeds 來維護這類的資料。

▌如何新增 seed

請在「seed」資料夾，新增檔案「seed_order_statuses.csv」並輸入以下內容：

🗄 **seed_order_statuses.csv**

```
status,is_valid
placed,Y
shipped,Y
completed,Y
returned,N
return_pending,N
```

線上資源

seed_order_statuses.csv
https://github.com/dbt-local-taipei/dbt-book-01/blob/main/
chapter-04/04-04-01_seed_order_statuses.csv

　　與 model 類似，seed 可以從「CSV Preview」頁籤預覽資料、同樣需要透過 dbt 指令將資料在 BigQuery 實體化。在此可以先按下「Build」的按鈕，dbt 就會在 BigQuery 建立同名的 table。

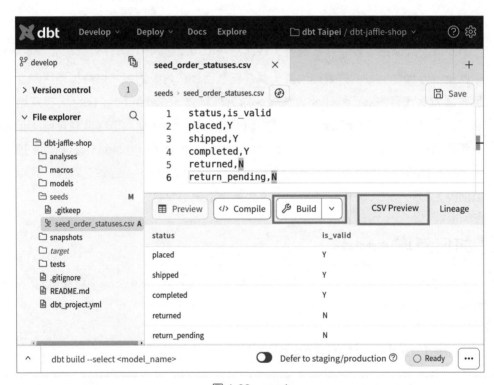

圖 4-29　seed

▍指令：**dbt seed**

相對於 model 的指令為 **dbt run**，將 seed 實體化的指令則為 **dbt seed**。只要在指令列執行 **dbt seed**，就會將專案中的所有 seeds 實體化到 BigQuery。比較需要注意的地方是，不管 model 實體化為 view 或是 table，在執行 **dbt run** 的時候，dbt 都會將該物件重新 create，但 **dbt seed** 則是如果 table 已經存在，執行指令時會將資料清空再重新 insert 資料，而不是整個 table 刪掉重建。如果需要重建，則必須在 dbt seed 的指令後面加上 **--full-refresh**。

> 📚 **資訊**
>
> dbt build
>
> 在 4-2 曾介紹過 dbt build 的指令可以同時做 dbt run 和 dbt test 兩件事，這個指令同時也包含了 dbt seed。如果不想記那麼多指令的話，不管是 model 或是 seed 都可以用 dbt build 喔！

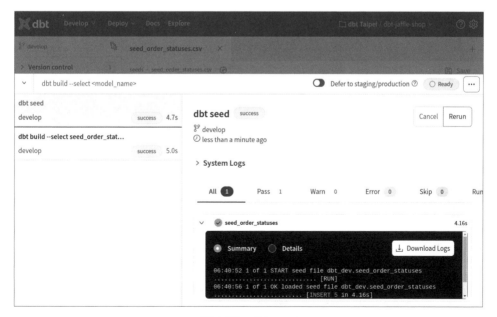

圖 4-30　dbt seed

▍為 seed 建立 YAML

在 4-2 和 4-3 曾說明過如何為 models 加入測試，而 seeds 也和 models 一樣需要加入測試。seeds 通常是人工維護，較容易出現人為錯誤，例如：同樣的 status 出現兩次，這會導致下游 model left join 時資料膨脹。為避免此問題，建議在 seeds 中加入 unique test 以抓出此類錯誤。

定義測試項目的方式和 models 類似，請在「seed」資料夾新增檔案「seed _order_statuses.yml」並輸入以下內容：

```yaml
version: 2

seeds:
- name: seed_order_statuses
  description: Mapping table for order statuses
  config:
    column_types:
      status: string
      is_valid: boolean
  columns:
    - name: status
      description: Order statuses
      tests:
        - unique
        - not_null
    - name: is_valid
      description: Return and return pending are considered as invalid
```

線上資源

seed_order_statuses.yml
https://github.com/dbt-local-taipei/dbt-book-01/blob/main/
chapter-04/04-04-02_seed_order_statuses.yml

指定 **seed** 的欄位型態

除了加入 description 和 tests 以外，通常還需要指定欄位型態，請參考以下範例。在執行 `dbt seed` 指令時，table 的欄位型態是依照資料的值自動判斷，但可能會不符合需求。例如：某個欄位的值都是數字，若不指定的話該欄位就會被建立為數字型態。如果希望為文字型態，可以在 YAML 檔裡面指定欄位型態為文字，避免在 staging model 時還要多做一次轉換。

```
config:
  column_types:
    status: string
    is_valid: boolean
```

在 **model** 中使用 **seeds**

使用 seeds 的方法與 model 類似，用 ref 的語法就可以引用 seed 的資料。請修改「stg_orders」如以下範例，引用 seed 作為 mapping 表，再用 left join 的方式加入了訂單狀態的分類「is_valid（Y／N）」。

```
with source as (select * from {{ source('jaffle_shop', 'orders') }}),

status_mapping as (select * from {{ ref('seed_order_statuses') }}),

transformed as (
  select
      t0.id,
      t0.user_id,
      t0.order_date,
      t0.status,
      t0._etl_loaded_at,
      t1.is_valid
  from source as t0
  left join status_mapping as t1
      on t0.status = t1.status
)

select * from transformed
```

線上資源

stg_orders.sql
https://github.com/dbt-local-taipei/dbt-book-01/blob/main/
chapter-04/04-04-03_stg_orders.sql

修改完後記得預覽資料及執行指令「dbt build」，確認都正確後，再提交變更。

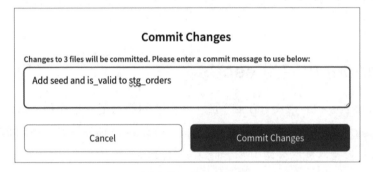

Commit Changes

Changes to 3 files will be committed. Please enter a commit message to use below:

Add seed and is_valid to stg_orders

| Cancel | Commit Changes |

圖 4-31　Commit

4-5 Cloud IDE 錯誤排除觀念

到目前為止已經介紹了各項 dbt 的基本功能，但是對新手來說，剛開始用 dbt 常常會遇到一些錯誤，不知道該如何排除。本節將說明遇到錯誤的時候你能檢查哪些地方、該如何排除錯誤。

檢查 Cloud IDE 狀態，有需要的話就重開 IDE

Cloud IDE 在右下角的「Server Status」顯示目前狀態，正常來說應該是綠色的「Ready」，表示 IDE 可以正常運作。如果顯示紅色的「Error」，則代表發生

錯誤。各項操作，例如：Preview 或指令皆無法運作。此時可以點開錯誤訊息查看原因。例如，故意將「customers」model 中的 `{{ ref('stg_customers') }}` 打錯成 `{{ ref('stg_customersssss') }}`，就會顯示「customers」引用的 model「stg_customerssssss」不存在的錯誤訊息。

　　建議大家養成習慣檢查 Server 狀態，如果看到錯誤就優先檢查並排除。如果發生無法排除的錯誤，點選 Restart IDE 直接重開，有時候可以解決問題。向官方回報錯誤時，應附上這個畫面的截圖，除了錯誤訊息外，右上角也有標注版本為 latest version。

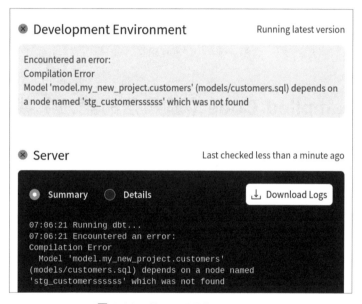

圖 4-32　Cloud IDE Server Error

▎檢查執行指令的 log

　　當執行指令失敗時，請點開 log 看看發生什麼事。你可以點選發生錯誤的 model 檢視該 model 的 log，如果 Summary 看不出原因的話可以切換成「Details」看更多細節。另外上方的「>System Logs」可以看到完整不分 model 的 log。

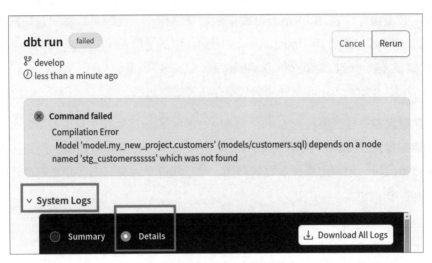

圖 4-33　dbt run 錯誤訊息

利用 Compiled Code（編譯後的語法）找出 SQL 語法錯誤

select * from {{ source('jaffle_shop', 'orders') }} 裡面雙重大括號的語法叫做 Jinja，Jinja 是基於 python 語言中的一個模板引擎，6-3 會有專門的章節詳細說明。Jinja 語法無法在 BigQuery 直接執行，不管是在執行「dbt run」或是「Preview」時，dbt 都需要先 compile dbt model 的語法，才能在 BigQuery 上面執行。在 dbt 中，compile 的意思就是將 dbt 的語法編譯成純 SQL 語法，按下「Compile」的按鈕它會被編譯成可以在 BigQuery 執行的純 SQL 語法 select * from `dbt-tutorial`.`jaffle_shop`.`orders`。

圖 4-34　Compiled Code

　　有時在 Cloud IDE 不容易檢查出語法錯誤，可以將 compiled code 貼到 BigQuery。例如：圖 4-35 中 BigQuery 標註了第 12 行附近有語法錯誤，可以較快發現這是由於第 11 行的最後少了逗點。除此之外也建議靜下心來，根據自身的 SQL 知識判斷到底哪裡出了問題。

圖 4-35　把 compiled code 貼到 BigQuery

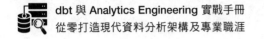
重跑上下游

延續上一點，在檢查語法的時候，有時候會發現錯誤的原因是 table 或 view 不存在、或欄位不存在的錯誤。這可能是由於新增或修改 model 後，尚未執行 `dbt run` 或 `dbt build` 更新相關 model，所以沒有反應到 BigQuery 的目標 dataset。

此外有時候修改了 model 的邏輯，即使執行指令後沒有錯誤訊息，在檢查資料時仍然發現異動沒有正確反應到下游的 model，這可能是因為沒有正確執行 `dbt run` 或 `dbt build` 將上下游更新所導致。

當然可以執行 `dbt run` 或 `dbt build` 把全部的 models 都跑過一次，但當資料量較大時，跑全部會花很多時間。此時可以利用 `--select` 只跑部分 models。

舉例來說，若修改了上游的「stg_orders」，可以在該 model 點選「Build model+ (Downstream)」，相當於指令：

```
dbt build --select stg_orders+
```

或是今天想要開發「customers」model，想確保上游的資料都更新到最新，可以在該 model 點選「Build +model (Upstream)」，將所有上游 models 一次更新，也就是以下指令：

```
dbt build --select +customers
```

執行 Full Refresh 重建 Table

在 4-4 曾提及，執行指令 `dbt seed` 時，dbt 只會將目標 table 清空（truncate），而不會將 table 刪除（drop）再重新建立。當欄位名稱或欄位型態有異動時，必須在指令後面加上 `--full-refresh` 強制重建 table，例如：

```
dbt build --full-refresh
```

一般的 model 如果實體化方式是 table 或 view，`dbt run` 的時候目標 table 或 view 皆會被 drop 掉再重新建立，不須特別加上 `--full-refresh`。但有一種較進階的實體化方式「incremental」[2]，在 `dbt run` 或 `dbt build` 的時候不會將整個 table 刪掉重建，如果需要強制重建，則需要加上 `--full-refresh`。

● 4-6 dbt Cloud 進階功能：dbt Assist

在本章的前半部介紹了 dbt 的測試和文件的功能。在開發的同時，也能在同一個平台中定義測試項目以及撰寫文件，聽起來好像十分方便，然而測試和文件仍需要手動維護，還是有點麻煩。

2024 年 5 月，dbt Cloud 發佈了新的功能「dbt Assist」，可以自動產生文件以及測試，目前僅開放給 enterprise 方案參與測試的使用者，但可期待未來會更加普及，且推出更多新功能。請注意 dbt Assist 雖然能自動生成測試和文件，但機器生成的內容不見得正確，仍需要肉眼檢查無誤才能採用。簡單來說，dbt Assist 能幫助加快速度，但無法完全取代人工。

▌如何使用 dbt Assist 產出文件及測試

若有啟用 dbt Assist，在 model 下方「Preview」那一排會多出「dbt Assist」的按鈕，點開後會有「Generate Documentation」以及「Generate Tests」兩個選項。

2　增量更新，每次定期更新時，只更新最新的部份，而不是更新整個表，6-6 將有專門的章節說明。

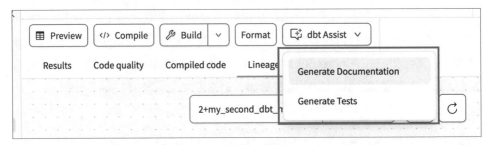

圖 4-36 dbt Assist 按鈕：Generate Documentation & Tests

使用 dbt Assist 產出文件

dbt Assist 會根據 model 的語法產出文件，圖 4-37 是 dbt Assist 正在產出文件的畫面。請務必人工檢查，沒問題後再存檔。

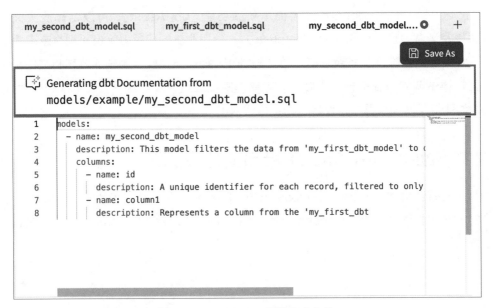

圖 4-37 dbt Assist 自動生成文件

使用 dbt Assist 產出測試項目

同樣在 dbt Assist 的選單，請點選「Generate Tests」。

如果原本已有定義文件，dbt Assist 會將測試和文件寫入在同一個檔案。

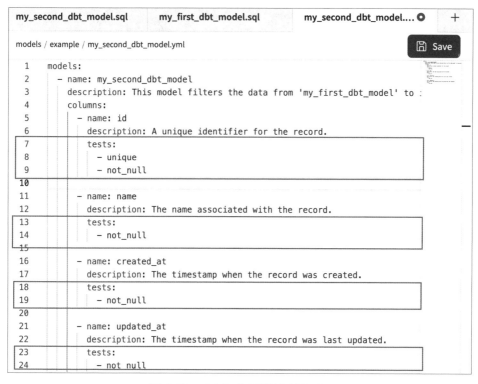

圖 4-38　dbt Assist 自動生成 tests

線上資源

https://github.com/dbt-local-taipei/dbt-book-01/blob/main/
chapter-04/04-06-01_resources.md

dbt Assist 官方資源

- About dbt Assist：官方 dbt Assist 文件，包含如何開啟功能以及操作
  方式。

- Introducing dbt Assist: a copilot to accelerate dbt development：
  於 2024 年 5 月新功能發布的官方部落格文章，說明開發這個功能的緣由
  以及未來展望。

● 4-7 dbt Cloud 的價格方案

| dbt Cloud 價格方案

目前 dbt Cloud 提供三種方案，以下簡單表列 2024 年 8 月狀況，最新的方案及細節請至官方頁面 [3] 查看：

比較項目	Developer	Team	Enterprise
費用	免費 只有 1 個帳號	每個帳號每月 $100 最多 8 個帳號，外加免費 5 個可以查看文件頁面的帳號。	（價格未公開，請與業務洽談）
專案數	1 個專案	1 個專案	多個專案
Job 排程 - 可以 build 的 model 數量 [3]	最多 3,000 個 model	可以免費 build 15,000 個 model，超過以 USD0.01/model 計算	（請與業務洽談）
功能	Cloud IDE、更新排程及通知、文件頁面等 Ch3 和 Ch4 介紹的功能皆可使用。	除了 Developer 方案的所有功能之外，還可以同時跑多個排程、以及 API access、Outbound webhooks、dbt Semantic Layer API 以及下游分析系統整合等功能。	Team 方案的功能，再加上多項企業級的資安及架構相關功能。

- **Developer** 方案：只能 1 人使用，無法多個帳號協作。此外，正式環境的 Job 每月可以 build 的 model 只有 3,000 個，例如：總共 100 個 model，每天執行一次，3,000 次額度可以用 30 天。若要正式導入，通常不太夠用。

---

3 dbt 收費方案 https://www.getdbt.com/pricing

4 每個 model build 成功一次就算一次額度。僅計算正式環境的 build，Cloud IDE 則為開發環境，不計費。

- **Team 方案**：則可以多帳號協作，以帳號數計費，最多 8 個帳號。可以 build 的 model 數也沒有上限，但超過 15,000 需要額外收費，以每個 model 0.01 美金計算。舉例來說一個團隊兩個帳號，每個月 2*USD100 = USD200，再加上需要跑的 model 數量，假設每天跑 1,000 個 model，USD0.01*（1,000*30 天 - 每個月免費額度 15,000）= USD150，總共為 USD200 + USD150 = USD350。此外，附加的功能最值得一提的是 Semantic Layer，將在 8-5 介紹。

- **Enterprise 方案**：未公開價格，需要寫信洽詢。除了價格方案表列的功能之外，還有 4-6 介紹的 dbt Assist 功能。

dbt Cloud 小結

　　從 Ch3 開始本書介紹了 dbt Cloud 的基本操作及開發、部署流程，本章 Ch4 更示範了 tests 及文件等功能，希望你不只體驗了 dbt 的使用方式及除錯觀念，更能想像到 dbt 帶來的轉變。

　　dbt Cloud 雖然輕量、能快速上手，但不見得適合每個團隊。如果預算較吃緊、想採用的資料平台 dbt Cloud 沒有支援、或有高度客製化的需求，那就可以考慮另一個選擇：dbt Core。從下一章 Ch5 開始將會進入 dbt Core，如果可以的話，建議 dbt Cloud 和 dbt Core 都可以試用看看再做選擇。使用 dbt Core 需要花一點時間安裝環境，如果太困難的話，你也可以先跳過這一章，在 Ch6、Ch7、Ch8 會介紹更多 dbt 的功能。

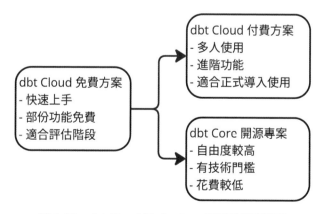

圖 4-39　dbt Cloud 及 dbt Core 建議的探索順序

Note

在本機使用 dbt Core

頂台小籠包採用免費版的 dbt Cloud，以快速且低成本的方式開始使用 dbt。這個策略相當成功，讓明宏搭配雨辰兩人就能開始建立 Data Pipeline 並提供分析結果給同事們，也開始帶動自助服務、更分散的資料文化。這個成功讓老闆想做更多資料分析，也想將資料團隊擴大，但免費版只有一個帳號，因此又回到要重新考量繼續採用 dbt Cloud 或者改用 dbt Core。本章將帶你走過頂台小籠包面臨哪些狀況，他們如何選擇，接著帶你實際操作建立 dbt Core。

● 5-1 頂台小籠包重新評估改用 dbt Core

在 2-4 明宏與店務部同事一同建立商圈及店家類別，下一季的新產品開發就依據不同商圈及店家類別來做，讓營收成長超過預期。二代老闆感受到資料能帶來的收益增加，希望除了商品開發之外，更全面的運用資料。明宏也想將銷售資料及原物料價格綜合分析，更好的協助商品調整及原料採購。於是決定擴大資料團隊，招募資料分析師。

要擴大 dbt 讓新進分析師使用，就不能再用 dbt Cloud 的免費方案。原本在評估階段時就知道 dbt 有兩種選擇，當初選用 dbt Cloud 是可以低成本快速開始，但其實 dbt Cloud 採用開發者方案就是只有明宏一個人使用，因為雨辰習慣使用 VS Code，所以一開始也有安裝好 dbt Core 搭配 VS Code 來檢視語法。

有一天，明宏看著雨辰在 review code 時，發現使用的 dbt Core 和 dbt Cloud 有很不一樣的開發體驗。使用 VS Code 可以自由設定開發環境，可以選擇各種佈景主題、設定字體，還能自由安裝套件。在 VS Code 還可以使用分割視窗的功能，快速對照語法，且 git 的整合功能強大，若安裝 git 相關的套件，可以在畫面上呈現清楚的 git 分支線條。明宏嚮往能像工程師一樣在黑畫面上快速打程式碼，便請雨辰教他使用 VS Code。

明宏學會了 VS Code 之後，就決定從 dbt Cloud 改為使用 dbt Core。雨辰開始準備 dbt Core 環境、資料排程更新、VS Code 設定、git 上的 CI/CD 串接等，工作內容已經不再是支援的後端工程師，而逐漸成為真正的資料工程師。隨著更多 Metabase 教學推廣，每家店及部門內都有人學會使用，至少會查看自己的報表，也能自行拉些資料查詢簡單問題，越來越不需要明宏做報表給各單位，因此他的工作開始轉為更專注在如何轉換商業邏輯、準備更有彈性的資料，讓其他人使用。角色逐漸從資料分析師轉為分析工程師，也準備好讓新血，資料分析師子軒加入。

 分享

由於本書想介紹 dbt Core，因此故事發展一定會改用 dbt Core。明宏的採用選擇看似過於簡單，但他們兩人團隊中已經有雨辰原本就用 dbt Core，又沒有其他限制，想更像工程師一樣開發就可以是足夠的理由。5-2 會更全面的介紹該如何選擇 dbt Cloud 及 dbt Core。

於是頂台小籠包的資料團隊調整為：

- 雨辰，**資料工程師**：負責 Data Infrastructure（資料基礎建設），從資料搜集、ETL、到讓一般同事使用，整個過程會需要的各種設備、服務或規範。

- 明宏，**分析工程師**：了解商業邏輯、負責 Data Transformation、Data Modeling（資料建模）、讓分析師及 self-service 更好使用，以及各種教學。

- 子軒，**資料分析師**：跟各部門同事站在一起，了解他們的日常分析需求，協助從資料中找到洞察。

三個角色有不同的 focus，但分界是模糊、交錯的。共同分工提供資料，讓公司老闆、同事看到客觀事實，及做決策時拿資料來參考，也必須注意 Data Quality（資料品質）、Data Governance（資料治理）等。可參考 1-1 的表格，說明資料工程師、分析工程師及資料分析師的技術及能力。

以製作小籠包來舉例，整個資料團隊一起負責打造廚房，最後產出的小籠包則是分析報表或洞察，讓顧客們（同事或客戶）品嚐。資料工程師負責打造廚房，考量動線、製作各種菜色的需要等等，準備各種設備、設計安裝位置、購買

適合的鍋具等。分析工程師準備食材,從清洗、切菜、麵團揉製,讓廚師可以方便上手製作小籠包或各種蒸餃。資料分析師則是廚師,考量顧客口味,變化菜色,有經典每日上菜的小籠包,跟隨季節變化下的各種小菜。每顆小籠包都要有完美的 18 摺,高品質的要求是頂台小籠包廚房的驕傲。廚房空間一定要乾淨,人員的衛生習慣、食材的安全可靠,整個廚房的治理不是制定準則就好,更需要讓每個人都遵守。

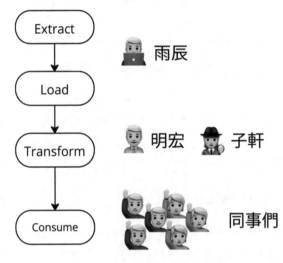

圖 5-1　頂台小籠包的資料團隊

🗄🏢 **資訊**

- Data Infrastructure（資料基礎建設）：從資料搜集、儲存、轉換、分析、使用整個過程會需要的各種設備、服務或規範,例如:搜集資料的技術、儲存的 Data Warehouse、整個 pipeline 的穩定、資料更新程度、分析程式碼上線的各種測試規範等等。

- Data Modeling（資料建模）：Data Model 的架構設計,將在 Ch8 詳細介紹。

- Data Quality（資料品質）：資料的正確性、更新程度等,保持高品質才能讓公司同事們信任資料,也才會使用資料。將在 Ch7 詳細介紹。

- Data Governance（資料治理）：確保資料的安全性、隱私問題、正確可靠,可被使用。

線上資源

https://github.com/dbt-local-taipei/dbt-book-01/blob/main/
chapter-05/05-01-01_resources.md

- What Is Data Infrastructure? A Simple Overview：英文部落格文章，説明什麼是資料架構。
- Data Quality Framework：dbt 部落格文章，説明資料品質的觀念。
- What is Data Governance：Google Cloud 説明什麼是資料治理的文章。

5-2 使用 dbt Cloud 或 dbt Core 的考量

看完頂台小籠包重新評估 dbt 的故事，5-2 開始將説明客觀評估 dbt Core 及 dbt Cloud 的考量，並實際操作建立 dbt Core。

大家開始用 dbt Cloud 後，過程中一定聽過或是考慮過 dbt Core，主要差異可以參考官網文件，以下只列出截至 dbt Core 1.7 版本和 dbt Cloud 截至 2024 年 8 月的差異：

功能	dbt Core	dbt Cloud
Semantic Layer	基礎 MetricFlow 功能	有提供且提供 API 呼叫
APIs	僅限 dbt CLI	僅限 dbt Cloud (Administrative API)
IDE 環境	需自行設定	整合式 IDE 環境
排程設置	需自行設定	整合式排程功能，且已經整合 airflow
CI/CD	需自行設定	整合式 CI/CD 流程
價格	免費	依帳號數及使用量計費
3rd party 串接	需自行串接、維護	已整合多種第三方雲端平台及工具
Host（主機）	需自建機器及維運	dbt Cloud 託管，無需自行部署

其他考慮面向，建議依據公司部門職責功能以及成本限制來決定。

以下是四個考量的面向：

1. 資料部門的角色

- 如果資料部門主要負責資料分析、下游商業邏輯轉換以及部分資料排程，優先考慮使用 dbt Cloud。

- 如果資料部門更偏向資料工程，需要管理數據流程，則應該研究 dbt Core。因為 dbt Cloud 的排程需要在雲端設定執行，可能與團隊原本的排程管理器不太契合。

2. 團隊成員背景

- 團隊成員熟悉 command line 和開源工具，能夠讀懂文件說明，甚至有能力 debug。

- 團隊或其他部門是否建置過基礎環境，例如：VM、Docker、Kubernetes 等。

- 開發及管理過 CI/CD 流程。

  →以上條件滿足越多，團隊越適合使用 dbt Core，因為使用 dbt Core 都會碰到。

3. 時間成本

- 如果團隊需在特定期限內轉移至 dbt 專案，或只是 POC 階段，使用 dbt Cloud 可以快速開始工作。它提供了即插即用的平台和簡單的 UI 介面，容易上手，縮短時間。

- 若有足夠的時間配置 dbt Core，使用 dbt Core 可以完整融入原先 data pipeline，因為可以在原本使用的排程管理器設定排程、觸發、監控執行結果，但也需要花時間建置 dbt Core 基礎環境。

4. 預算成本

- 使用 dbt Cloud 需要費用，如同 4-7 的説明，收費方式和帳號的數量以及跑 model 的數量相關。

- 若使用 dbt Core，不管團隊有多少人使用、跑多少 model，都不需要額外收費。最主要的費用只有雲端平台的執行費用，但也不要低估維護成本。

dbt Cloud 及 dbt Core 不一定是二選一，可以兩者混合使用。

- **混用方式**：在 dbt Cloud 建立專案及執行 jobs，並在本機 dbt Core 多人開發。

- **單獨使用**：本機開發用 dbt Core，另外建置執行 dbt Core 的 production 環境。

最難的過程是從頭建立 dbt Core 的 production 環境以及 CI/CD 流程。除非團隊已有相關經驗或現成環境，否則需要花時間研究相關工具、建置及維運。若另外需要工程團隊配合，也有額外溝通成本。因此建議與 dbt Cloud 費用權衡比較，再決定要不要單獨使用 dbt Core。

📋 **分享**

dbt Cloud 在 2023 年修改價格方案，引起大家的疑慮：dbt Core 是否會維持 open source？未來發展是否會因為 dbt Cloud 而受限？為了回應：

- Tristan 在 2023 年 Coalesce 上再次宣布：I remain committed to the Apache 2.0 license.

- 2024 年 4 月發布 How we think about dbt Core and dbt Cloud，説明 dbt Labs 如何看待這兩者的定位。

- 2024 年 Coalesce 提出 "one dbt" 的願景，期待 Core 與 Cloud 更無縫接軌。

● 5-3 設定 dbt Core 本機環境

本節將使用 VS Code，以及沿用 Ch4 所使用的 BigQuery 和 dbt 專案。

▍準備工作

本機需要安裝 Python3.8 以上版本，因為 dbt 本身是用 Python 開發的專案，需要 Python 的執行環境才能運作。

▍下載並安裝 VS Code[1] 及 git 設定

Clone Git Repository → Clone from GitHub →選擇前面所建立的 repo。

完成後直接開啟專案

🗄 在 venv 中安裝 dbt Core

建立及啟動 venv 環境，此處語法會依作業系統不同，例如：用 Ubuntu 的指令如下列步驟：

▍建立及啟動 venv

```
python3.11 -m venv venv
source venv/bin/activate

# 輸入 deactivate 即可離開虛擬環境
```

1　VS Code 下載網址：https://code.visualstudio.com/download

分享

為何要建立 Python venv ？

建立 venv 虛擬環境的主要原因是為了管理 Python 專案的依賴性。每個 Python 專案可能需要不同版本的套件，如果所有專案都使用同一個全域環境，可能會因為版本衝突而導致某些專案無法正常運作。

舉例來說，假設你有兩個 dbt 專案，專案 A 需要 dbt Core 1.6 版本，而專案 B 需要 dbt Core 1.7 版本。如果你在全域環境（本機）安裝 dbt Core 1.6，那麼專案 B 可能就無法正常運作。

新增檔案 requirements.txt

```
# requirements.txt
dbt-bigquery=="當下團隊使用之 dbt 版本"
```

安裝 dbt Core

因為我們要連的是 BigQuery，所以就直接依 requirements.txt 內容安裝 dbt-bigquery。安裝此套件會連同 dbt Core 及其他相依套件一同安裝。

```
pip install -r requirements.txt
```

安裝完成後，檢查 dbt Core 版本，若回傳現在 dbt Core 及 plugins 版本表示安裝成功。

```
dbt --version
# Output
Core:
  - installed: 1.8.2
  - latest:    1.8.7 - Update available!

Plugins:
  - bigquery: 1.8.1 - Update available!
```

連接 BigQuery

建立新檔案 profiles.yml 填入 Bigquery 連線資訊，註解處依照說明自行修改。

```
# profiles.yml
jaffle_shop: # this needs to match the profile in your dbt_project.yml file
  target: dev
  outputs:
    dev:
      type: bigquery
      method: service-account
      keyfile: /Users/BBaggins/.dbt/dbt-tutorial-project-331118.json #
replace this with the full path to your keyfile
      project: grand-highway-265418 # Replace this with your project id
      dataset: dbt_bbagins # Replace this with dbt_your_name, e.g. dbt_bilbo
      threads: 1
      timeout_seconds: 300
      location: US
      priority: interactive
```

執行「dbt debug」指令檢查是否能正確連到 BigQuery，最後出現「All checks pass」即為連線成功。

Update .gitignore

以上步驟大部分新增的檔案都是本機個人使用，不上 GitHub。所以需要更新 .gitignore，排除這些檔案，另外 target、logs、dbt_packages 也是本機使用的資料夾，官方 [2] 建議都不需上傳 GitHub。

2　不需上傳 Github 之資料夾：https://docs.getdbt.com/faqs/Git/gitignore#fix-in-the-dbt-cloud-ide

建立檔案 .gitignore

```
# .gitignore
venv
.user.yml
target/
dbt_packages/
logs/
```

● 5-4 在本機用 dbt Core 開發的基本操作

在本機 VS Code 或其他 IDE 開發，與 dbt Cloud 不同，沒有瀏覽器的 GUI 可以使用，所以操作流程會有所不同。

雖然 VS Code 有許多相關的 extensions 可以安裝，但先從不使用任何 extension 開始，如此一來也可以套用到任何開發環境，不限於 VS Code，5-5 會再介紹推薦的 extensions。

┃dbt 基本操作

基本的指令，例如：dbt run 或 dbt build 都和 dbt Cloud 相同，只是要在 terminal 輸入。用 VS Code 或 Pycharm 內建 terminal 或作業系統內建的 termial 都可以。前一節提到，dbt 要安裝在 venv，所以記得先切換進 venv 才能執行 dbt 指令。

查看 debug logs

在 terminal 執行時，可以看到 console logs，但如果要查看詳細的 debug logs，則需要到路徑 logs/dbt.log。

在 target 資料夾查看 compiled 及 dbt run 後的檔案

Ch4 提到每次在執行 `dbt run` 或 `dbt build` 時，dbt engine 會先 compile model 的語法。使用 dbt Core 操作時，compile 的結果可以在 target/compiled 資料夾底下看到。target/compiled 看到的單純是 select 語法，而在 target/run 底下的檔案內容是加上「create table」的動作。

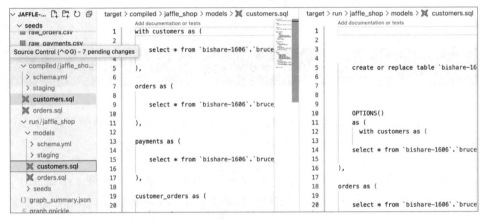

圖 5-2　target/run 資料夾中，model 跑完 dbt run 的結果及 target/compiled 的結果比較

dbt Core 常用指令

Ch3 及 Ch4 提過的 dbt Cloud 語法在 dbt Core 一樣適用，例如：dbt run、dbt test、dbt compile，而接下來分享 3 個 dbt Core 會用到，但 dbt Cloud 不常用的指令。

- dbt debug
- dbt show
- dbt docs serve

`dbt debug` 在上述提到，是做基本的檢查，例如：Python 是否成功安裝、profiles.yml 所設定的資料庫，是否能成功連線。

`dbt show` 預覽 model 前 n 筆資料，例如：

```
dbt show --select customers
```

```
(.venv) data-ai-agent-py3.12brucehuang ~/Documents/dbt/jaffle-shop-classic [main] $ dbt show --select customers.sql
10:09:12  Running with dbt=1.7.10
10:09:12  Registered adapter: bigquery=1.7.9
10:09:12  Found 5 models, 3 seeds, 20 tests, 0 sources, 0 exposures, 0 metrics, 454 macros, 0 groups, 0 semantic models
10:09:12
10:09:14  Concurrency: 8 threads (target='dev')
10:09:14
10:09:18  Previewing node 'customers':
| customer_id | first_name | last_name | first_order | most_recent_order | number_of_orders | ... |
| ----------- | ---------- | --------- | ----------- | ----------------- | ---------------- | ... |
|          20 | Anna       | A.        | 2018-01-23  | 2018-01-23        |                1 | ... |
|          23 | Mildred    | A.        |             |                   |                  | ... |
|          40 | Maria      | A.        | 2018-01-17  | 2018-01-17        |                1 | ... |
|          59 | Adam       | A.        | 2018-01-15  | 2018-01-15        |                1 | ... |
|          74 | Harry      | A.        |             |                   |                  | ... |
```

圖 5-3　dbt show 結果

`dbt show` 預設的顯示筆數為 5 筆，也可以自行設定需要的筆數。例如：

```
dbt show --select customers --limit 10
```

`dbt docs serve` 的作用是啟動一個本機伺服器檢視文件，生成一個互動式的頁面，如同在 dbt Cloud 上的 View docs。

與 dbt Cloud 相同，必須先執行指令產出文件會用到的檔案：

```
dbt docs generate
```

再執行指令，啟動本機伺服器，就可以在本機瀏覽器看到 dbt 文件：

```
dbt docs serve
```

如果想透過一個公用的地方讓團隊成員看 dbt 文件，可以使用 Nginx3 服務甚至 Python 就可以建立靜態網頁，把 target 資料夾下的檔案 index.html、catalog.json、manifest.json 檔案放到 web server（網頁伺服器）上，團隊成員輸入正確的網址，就能在自己的電腦或手機上看到建立的網頁了。

3　Nginx 介紹：https://tw.alphacamp.co/blog/nginx

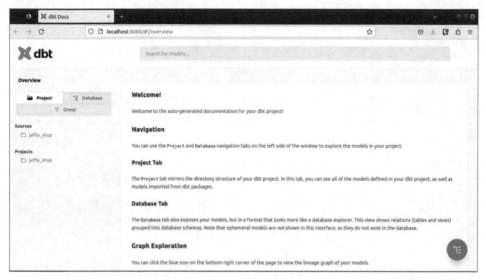

圖 5-4　dbt docs 在瀏覽器的結果

● 5-5　dbt 輔助開發神器：Power User for dbt Core

　　介紹一個常用的 VS Code extension「Power User for dbt Core」。本節將以大家較習慣的舊名「dbt power user」稱呼。此工具將 dbt Cloud 的部份功能做成 VS Code 外掛，能讓 dbt 開發體驗更加順暢。

▌安裝 extension

　　在 VS Code extension 頁面搜尋「Power User for dbt Core」，選擇由 altimate 開發的 extension。

圖 5-5　Power User for dbt Core 搜尋結果

專案 Interpreter 設定

目的使 interpreter 顯示在下方狀態列，方便未來切換使用。

File → Preferences → Settings → 搜尋 Python interpreter。

Python → Interpreter: Info Visibility 選 Always。

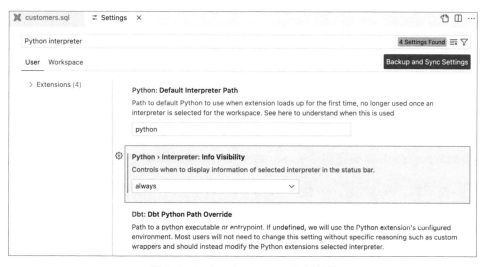

圖 5-6　Python interpreter 設定畫面

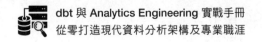

此時回到主畫面，點選右下角的 interpreter 路徑，選擇先前安裝的 venv。

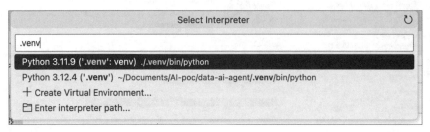

圖 5-7　Python interpreter 選擇畫面

資訊

為什麼要設定專案 Interpreter ？與 venv 的關係？

Interpreter 如同一位專業的翻譯員，負責將 Python 等高階程式語言所寫的指令，翻譯成電腦可以執行的語法。虛擬環境 venv 就像是為每個專案單獨準備了一個小房間，裡面只裝了該專案所需的 Python 版本，兩者是密切合作的夥伴關係。

在某個專案的 venv 虛擬環境小房間工作時，你所用的就是那個環境內指定的 Python Interpreter 版本；這樣利用 venv 和 Interpreter 的搭配，能方便地在不同專案間切換使用，並有對應的 Interpreter 順利翻譯 Python 程式碼。

設定 files association

VS Code 的 file associations 主要用來指定特定檔案類型或檔案應該使用哪種語言模式（language mode）進行編輯和顯示，例如：想讓 dbt power user 辨識 dbt model，所以設定副檔名為「.sql」的檔案會被關聯起來，步驟如下：

左下角「Settings」→ 搜尋「association」→ 在「files: association」點選「Add Item」後輸入

- Item: *.sql
- Value: Jinja-sql

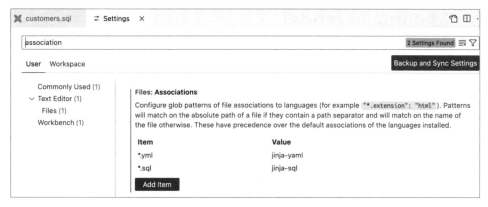

圖 5-8　files association 設定畫面

完成安裝後，dbt Power User 會偵測 .sql 檔案為 dbt 檔案，顯示 dbt logo。

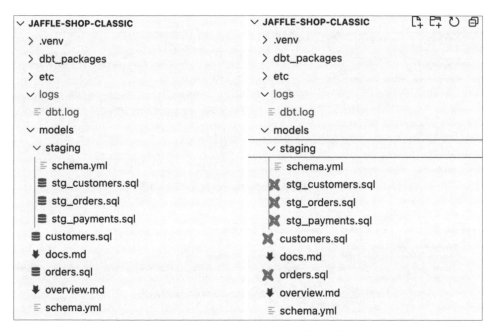

圖 5-9　files association 設定前後比較

一鍵 compile model

想快速看 dbt model compile 的結果，只要點選右上角的 Compiled dbt Preview 按鈕，如下圖 5-10，dbt power user 就會在 model 視窗右邊顯示 compile 後的結果。如果 compile 錯誤，下方的 problem 視窗也會顯示錯誤訊息，如圖 5-11。另外注意，若有一個 model compile 錯誤，一定要解決此錯誤，其他 model 才能 compile 成功。

Compiled dbt Preview (⌘')

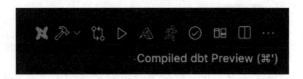

圖 5-10　dbt power user 快速 compile 按鈕圖

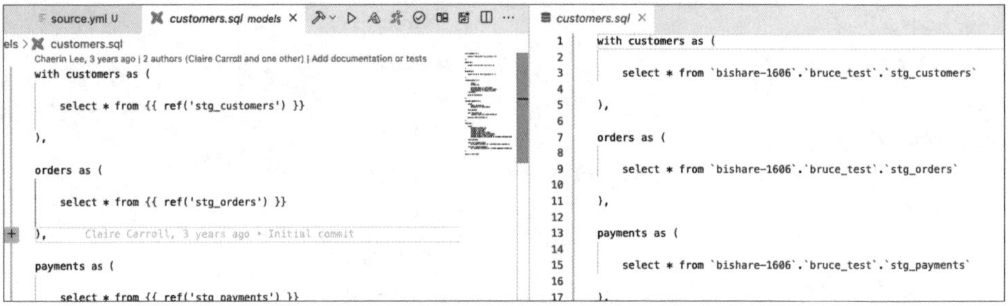
source.yml U
customers.sql models
customers.sql
Chaerin Lee, 3 years ago | 2 authors (Claire Carroll and one other) | Add documentation or tests
with customers as (
select * from {{ ref('stg_customers') }}
),
orders as (
select * from {{ ref('stg_orders') }}
), Claire Carroll, 3 years ago • Initial commit
payments as (
customers.sql
with customers as (
select * from `bishare-1606`.`bruce_test`.`stg_customers`
),
orders as (
select * from `bishare-1606`.`bruce_test`.`stg_orders`
),
payments as (
select * from `bishare-1606`.`bruce_test`.`stg_payments`

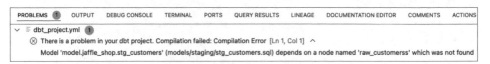

圖 5-11　dbt power user compile 後示意圖

PROBLEMS 1
OUTPUT
DEBUG CONSOLE
TERMINAL
PORTS
QUERY RESULTS
LINEAGE
DOCUMENTATION EDITOR
COMMENTS
ACTIONS
dbt_project.yml 1
There is a problem in your dbt project. Compilation failed: Compilation Error [Ln 1, Col 1]
Model 'model.jaffle_shop.stg_customers' (models/staging/stg_customers.sql) depends on a node named 'raw_customerss' which was not found

圖 5-12　dbt power user compile 錯誤訊息

Generate model

在 source yaml 可以選擇 generate model，依據 table schema 自動產生model。

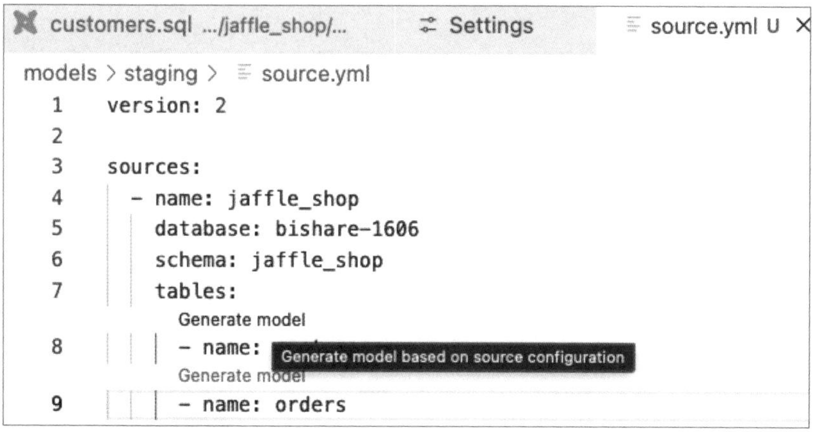

```
customers.sql .../jaffle_shop/...       ⇄ Settings        ≡ source.yml U ✕

models > staging > ≡ source.yml
    1    version: 2
    2
    3    sources:
    4      - name: jaffle_shop
    5        database: bishare-1606
    6        schema: jaffle_shop
    7        tables:
            Generate model
    8          - name:  ┌─────────────────────────────────────────┐
                        │ Generate model based on source configuration │
            Generate model └─────────────────────────────────────────┘
    9          - name: orders
```

圖 5-13　dbt power user 自動產生 model

自動產生的 model 欄位會 quote 起來。

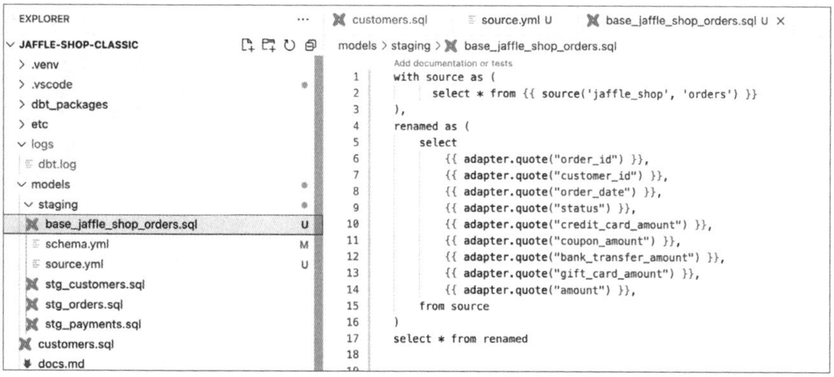

圖 5-14　dbt power user 自動產生 model 結果

Side bar 及 model 右鍵選單

開啟任一 dbt model 的檔案，例如：customers.sql。左邊有 dbt Power User 的 side bar 可以點選。可以檢視 model tests、parent models、children models 以及 documentation。再來，按右鍵也可以發現多了一些 dbt 的選項。

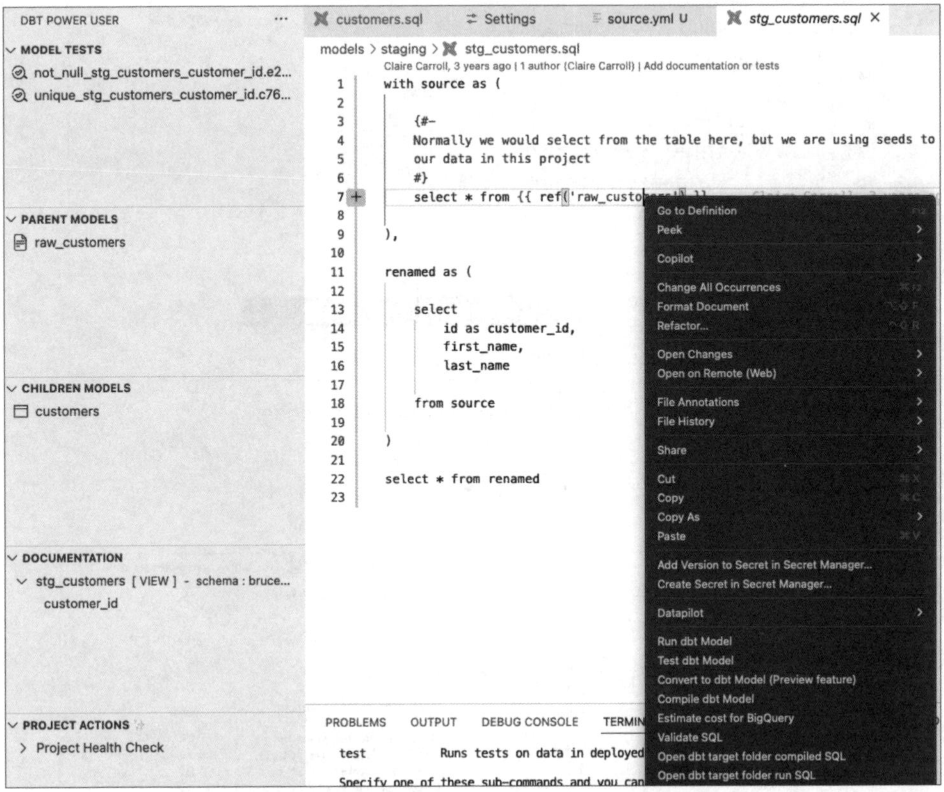

圖 5-15　dbt power user model 內的功能示意圖

可以按 Go to definition 或是在 model 上按快速鍵 ctrl+ 左鍵可快速切換到上游 model，Ch4 提到的 dbt 指令、查看 target/compiled 及 target/run，都可以從右鍵選單點選，且會以分割視窗開在右邊。

Query Results 頁籤

在 model 按「ctrl」+「enter」可以預覽 500 筆資料，與 dbt Cloud 相同。

圖 5-16　dbt power user 預覽資料示意圖

且點 SQL 可以查看 compiled SQL 語法。

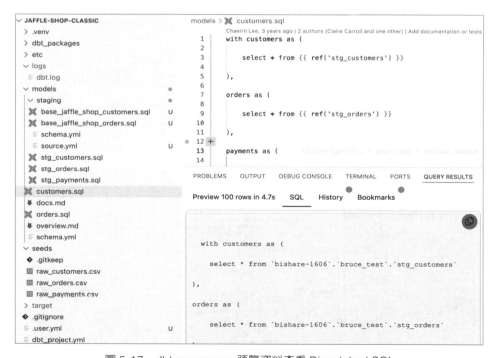

圖 5-17　dbt power user 預覽資料查看 Dispatched SQL

Lineage View 頁籤

Lineage View 和 dbt Cloud 有點不一樣，一樣可以點選上下游 model 切換檔案，但除了 models 之外還多列了 tests。

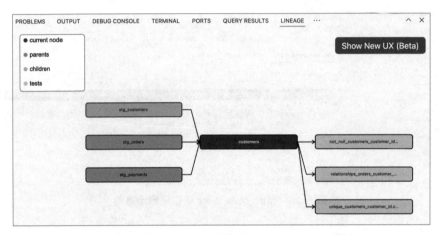

圖 5-18　dbt power user 查看 model lineage 功能

Document Editor 頁籤

可在 Document Editor 編輯 model 文件，也是 dbt Cloud 沒有的功能。

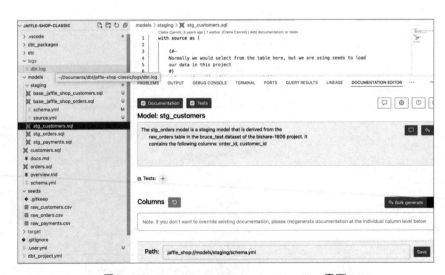

圖 5-19　dbt power user document editor 畫面

▎dbt Power User 小結

經過了本節的介紹，應該不難理解為何 dbt Power user 這麼受歡迎，dbt Cloud 有很方便上手的介面，而 dbt Core 原本只能自己打指令、點資料夾看 compiled code、自己執行 SQL 語法 preview。但有了 dbt Power User 等於是把 dbt Cloud 的功能復刻在 VS Code，彌補原本 dbt Core 的不足。

Note

dbt 指令功能介紹及操作案例

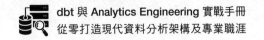
延續 Ch3 和 Ch4 介紹了 dbt Cloud 的開發流程、基本功能，以及 Ch5 介紹用 dbt Core 在本機開發的方式後，本章將介紹更多 dbt 指令及功能操作案例。

● 6-1 dbt 有什麼設定？ Configs 和 Property 是什麼？

想要發揮 dbt 強大的功能，一定要學會怎麼寫 configs（配置）和 properties（屬性），因為許多 dbt 背後的運作是參照這些設定才能完成的。例如：3-3 介紹使用 config 設定 dbt model 實體化方式（materialization）。

dbt 是個很彈性的工具，像是 model 要設定實體化方式為 table、view 就有 3 個地方可以寫

1. dbt_project.yml。

2. 在 models 資料夾下，也可在各自的資料夾加入 schema.yml 設定檔，這個設定檔可以放每個 model、column、materialized、description、test、tags 等內容。

```
# models/stg_datamart/schema.yml
version: 2

models:
  - name: base_events
    description: "general event"

    config:
      materialized: view
      sort: event_time
      dist: event_id
      columns:
        - name: order_id
          test:
          - unique:
            config:
              where: "order_id > 21"
```

3. 每個 model 最上方的 config 區塊。

```
{{
  config(
    materialized="table",
    sort='event_time',
    dist='event_id'
  )
}}

select * from ...
```

▎dbt 設定的階層關係

從以上情境可知，dbt 提供三種設定方式，其中也包括階層關係：

- **dbt_project.yml**：專案層級的設定，適用於所有 model。

- **schema.yml**：資料夾層級的設定，適用於該資料夾下的所有 model。

- **model.sql**：模型層級的設定，僅適用於該 model。

這三種設定方式具有階層關係，下層的設定會覆蓋上層的設定。例如：如果在 base_events.sql 中設定 materialized=table，即使在 dbt_project.yml 中設定該資料庫下的所有 model 皆為 view，也會被 base_events.sql 中的設定覆蓋而被實體化為 table。

▎dbt 設定的種類

dbt 設定可分為兩種：

- **configs（配置）**：具有階層性，可以被繼承。例如：materialized、tags 等設定都可以被繼承。

- **properties（屬性）**：屬於 model 層級的設定，不具有階層性。例如：description、column、test 等設定都是屬性。

為了方便管理 dbt 設定，且根據官方文件的 rule of thumb 建議遵循以下規則：

- 將所有 configs 都寫在 dbt_project.yml 中。

- 將所有 properties 都寫在 schema.yml 中。

- 建立一個 source.yml 檔案，統一管理所有資料來源設定。

配置及屬性的設定檔參考範例資料夾結構：

```
my-project/
├── dbt_project.yml
└── models/
    ├── demo/
    │   ├── datamart/
    │   │   ├── LineMember.sql
    │   │   └── LineMemberTags.sql
    │   └── thinker/
    │       └── LineMember.sql
    ├── schema.yml
    └── ├── source.yml
```

以下為 dbt_project.yml 設定檔範例：

```
# dbt_project.yml
models:
  demo_dbt:
    demo
      +tags: demo
      +materialized: table
      +database: demo-2209
      democorp:
        datamart:
          +schema: datamart
        analytical:
          +schema: analytical_data
        dashboard:
          +schema: dashboard
        thinker:
          +database: demo-2209
          +schema: demo_sql_lounge
          +materialized: view
```

以下為 schema.yml 設定檔範例：

```
# schema.yml
version: 2

models:
  - name: demo.datamart.LineMember
    description: "Line 會員 "
    columns:
      - name: line_uid
        description: "line uid"
        tests:
          - unique
          - not_null
  - name: demo.datamart.LineMemberTags
    description: "Line 會員 Tag"
  - name: demo.datamart.Lit_Member
    description: "Lit 會員資料 "
    columns:
      - name: third_party_line_uid
        description: "line uid"
```

以下為 source.yml 設定檔範例：

```
# source.yml
version: 2

sources:
  - name: demo_api_lobby
    schema: demo_api_lobby
    database: demo-1806
    tables:
      - name: line_member
        columns:
          - name : line_uid
            tests:
              - not_null
              - unique
    tags:
      - demo
```

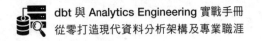

範例的規則邏輯：

- BigQuery 的專案、資料集層級的命名、materialized、tags 寫在 dbt_project. yml。

- source、datamart 和 model 的 description、test 寫在各自的資料夾下，依照資料夾把各層級的設定分開寫。

線上資源

 https://github.com/dbt-local-taipei/dbt-book-01/blob/main/chapter-06/06-01-01_resources.md

dbt 設定的官方 rule of thumb

● 6-2 好用的 dbt 指令參數介紹

| --select --exclude 進階用法

--select、--exclude 除了 Ch5 介紹可以只跑部分 model，這邊介紹更多彈性和廣泛的用法：

- **廣泛**：--select 和 --exclude 參數具有高度的通用性，除常用的 run 和 test，還擴展到 compile、build、seed、snapshot 和 ls 等其他重要操作。完整的使用列表可參考線上資源。

- **彈性**：支援多種篩選條件，如以下介紹：

🗄 基本 tag、model name 路徑選擇

```
$ dbt run --select my_dbt_project_name    # runs all models in your project
$ dbt run --select my_dbt_model           # runs a specific model
$ dbt run --select path.to.my.models      # runs all models in a specific directory
$ dbt run --select my_package.some_model  # run a specific model in a specific package
$ dbt run --select tag:nightly            # run models with the "nightly" tag
$ dbt run --select path/to/models         # run models contained in path/to/models
$ dbt run --select path/to/my_model.sql   # run a specific model by its path
```

圖 6-1　dbt run --select 示意圖

🗄 Source 篩選

若跑 dbt test 或 dbt build 可以篩選 source name。

```
dbt test --select "source:jaffle_shop" # jaffle_shop 是 source name
```

▎進階 method 篩選

🗄 Resource_type 篩選

篩選指定的 resource_type，例如：model、test、exposure 等。

```
# build all resources upstream of exposures
dbt build --select "resource_type:exposure"

# list all tests in your project
dbt list --select "resource_type:test"
```

🗄 State 篩選

透過 state 方法可以根據 manifest 檔案的紀錄，比較同一專案的先前版本來選擇 node。比較清單的文件路徑必須透過「--state」標誌或「DBT_STATE」環境變量指定。

```
# run all tests on new models + and new tests on old models
dbt test --select "state:new" --state path/to/artifacts

# run all models that have been modified
dbt run --select "state:modified" --state path/to/artifacts
# list all modified nodes (not just models)
dbt ls --select "state:modified" --state path/to/artifacts
```

由於 stat 用法較複雜，詳細原理請參閱學習資源的官方文件説明連結。

聯集、交集、all、下游

當執行 dbt 時需要更複雜的情境，例如：頂台小籠包的行銷部門，某天會員表和交易表因為錯誤需要重新執行，我們不想跑所有 model，只想跑會員和交易相關的下游表以節省資源，就需要進階的篩選條件。

聯集用空格

```
dbt run --select my_first_model my_second_model
```

交集用逗號

```
dbt run --select path:marts/finance,tag:nightly,config.materialized:table
```

星號 * 全選，加號 + 跑 model 上下游

```
# +加號
dbt run --select my_model+          # 選擇 my_model 和其下游表
dbt run --select +my_model          # 選擇 my_model 和其上游表
dbt run --select +my_model+         # 選擇 my_model 和其上游、下游表

# 星號全選
dbt run --select tag:nightly my_model finance.base.*
```

🗄 合起來的範例

```
# + 加號
# 跑 snowplow 下游的表
dbt run --select "source:snowplow+"

# 跑 test tag:nightly 並排除 source
dbt test --select "tag:nightly --exclude 'source:*'"

# 跑 dbt test my_model 的所有 source
dbt test --select " 'source:*',my_model" # source 星號要加單引號
```

🗄 dbt 執行的順序

　　以上提到的順序，dbt 將根據一個或多個 --select 所符合的所有資源，按照選擇方法（例如：tag、source、path），然後是 graph 操作符號（例如：+），最後是集合操作符（聯集、交集、排除）的順序執行。

▌ --target 參數

　　--target 參數允許指定要運行的目標，例如：prod（正式環境）或 dev（開發環境）。只要在 profile.yml 設定完成，如下範例，將有助於區分不同環境中的運行。

1. 這有什麼用處呢？

   執行 dbt run 和 test 只是想測試，不想動到正式環境，加上 --target dev，則指令會在 dev 環境的 bruce_test dataset 執行，若參數為 --target prod，會在我們設定的正式環境 staging dataset 執行。

2. 因為 dbt 可能在背後上傳 log 檔或各種執行結果到你的資料庫，可以在跑 dbt run 或 dbt test 加上 --target prod 讓 dbt 知道這次若是正式環境，才需要把結果上傳，平時測試時就不會上傳，以節省資源。

🗄 profile.yml 設定 target 範例

```
# profile.yml
jaffle_shop:    # 專案名稱
 outputs:
   dev:          # 想要設定的 target 環境，這邊設定 dev
     dataset: bruce_test
     job_execution_timeout_seconds: 1800
     job_retries: 2
     location: US
     method: oauth
     priority: interactive
     project: demo-1606
     threads: 8
     type: bigquery
   prod:         # 想要新增的 target 環境，這邊設定為 prod
     dataset: staging
     job_execution_timeout_seconds: 1800
     job_retries: 2
     location: US
     method: oauth
     priority: interactive
     project: demo-1606
     threads: 8
     type: bigquery
 target: dev   # 預設 target 環境
```

| --vars（project variables）

🗄 定義

　　--vars 參數用於指定 dbt 專案環境的變數（project variables）。這有助於管理不同環境中的配置和變數，可以將變數傳到 model、test、macro 中使用。

　　model 使用方式 {{var(' 變數名稱 ')}}

```
# order.sql model
select *
```

```
from
  order
where
  date between '{{ var("start_date") }}' and '{{ var("end_date") }}'
```

定義變數的方式

1. 寫在 dbt_project.yml 中。

2. 透過 command line 帶入。

dbt_project.yml 中定義變數範例

```
# dbt_project.yml
name: jaffle_shop
version: 1.0.0

config-version: 2

vars:
  # 變數 `start_date` 在所有專案中所有地方皆可被使用
  start_date: '2016-06-01'
```

command line 定義變數範例

```
dbt run --vars 'key: value'
dbt run --vars '{"start_date": "20180101", "end_date":"20190101"}'
```

以上 start_date 及 end_date 的變數 value，執行 model order.sql 時就會帶入。

Project variables 進階用法

除了 target 的用法，vars 也可以幫你區分環境。若只在測試而非正式執行，可以透過 env 設定執行 dbt 指令時 dataset 或是 table 產生在 dev 環境而非正式，因此不會動到正式環境。此設定需要搭配 get_custom_schema.sql 檔案的改寫，詳情請看 6-4。

線上資源

dbt 指令參數的補充文件
https://github.com/dbt-local-taipei/dbt-book-01/blob/main/
chapter-06/06-02-01_resources.md

dbt command 支援 argument 列表：

- 一次跑上下游寫法。

- 交集、聯集。

- state method 使用說明。

6-3 dbt Jinja 及 Macros

Jinja

　　dbt 的語法不只是 SQL，dbt 除了支援純 SQL 之外，也混用了 Jinja 語法，可以用來在 SQL 語法中加入動態內容。

 分享

Jinja 是什麼？

Jinja 是基於 python 語言中的一個模板引擎，用於生成網頁、電子郵件等動態內容。

Jinja 可以將 python 程式碼和資料嵌入到模板中，透過模板動態生成內容。

📇 **Jinja 怎麼用？**

Jinja 語法使用雙大括號括起來。例如：以下這段程式碼會被 dbt 編譯成純 SQL，並在資料平台上執行：

```
{{ ref('my_table') }}
```

上述的 ref function 很可能是我們使用 dbt 碰到的第一個 Jinja function。它可以用來引用其他模型或表。例如：

```
select * from {{ ref('my_table') }}
```

這段程式碼會被編譯成以下 SQL：

```
select * from my_database.my_schema.my_table
```

📇 **Jinja 的 For 迴圈及 If 判斷式**

接下來藉由一個簡單的例子，說明 Jinja 的 For 迴圈以及 If 判斷式的寫法。

假設下方有一段 SQL，希望用 for 迴圈產出 attribute_1 到 attribute_5：

```
select
    attribute_1,
    attribute_2,
    attribute_3,
    attribute_4,
    attribute_5
from table_1
```

如果用下方 Jinja 的 for 迴圈：

```
select
    {% for i in range(1,6) %}
        attribute_{{ i }},
    {% endfor %}
from table_1
```

Compile 出來的結果可以看到，最後面的 attribute_5 最後多了一個逗號。

```
select

        attribute_1,

        attribute_2,

        attribute_3,

        attribute_4,

        attribute_5,

from table_1
```

因此，我們可以加一個 if 判斷式 {% if not loop.last %},{% endif %}，也就是說如果迴圈走到了最後，就不要加逗號。

```
select
    {% for i in range(1,6) %}
        attribute_{{ i }} {% if not loop.last %},{% endif %}
    {% endfor %}
from table_1
```

下方 compile 的結果，可以看到沒有多餘的逗號了。

```
select

        attribute_1 ,

        attribute_2 ,

        attribute_3 ,

        attribute_4 ,

        attribute_5

from table_1
```

再來就是我們可以稍微美化一下，將 {% ... %} 加入「-」，改成 {%- ... -%}
就可以去除頭尾空格，或是也可以只放一邊。例如：

```
select
{%- for i in range(1,6) %}
    attribute_{{ i }} {%- if not loop.last %},{% endif %}
{%- endfor %}
from table_1
```

第一個「-」移除每列前的空格；第二個「-」移除逗號前的空格，第三個
「-」移除每列後的空格，因此下方為 compile 結果：

```
select
    attribute_1,
    attribute_2,
    attribute_3,
    attribute_4,
    attribute_5
from table_1
```

dbt Macros

操作 SQL 資料庫時，經常會用 Stored Procedures 和 UDF（User-defined
Functions）來將邏輯封裝成可重複使用的元件。在 dbt 中，也可以把重複的邏輯
提取出來，寫成 macros。dbt 的 macro 是基於 Jinja 語言，然而，與一般的程式
語言相比，開發和除錯的過程可能並不那麼直觀，因此需要謹慎評估是否需要使
用它，避免過度設計。

情境：多個 model 都使用類似的邏輯

利用 Jinja 的 for 迴圈以及 if 判斷式，用以下這段語法：

```
select
    {%- for i in range(1,6) %}
        attribute_{{ i }} {%- if not loop.last %},{% endif %}
    {%- endfor %}
from table_1
```

Compile 出以下 SQL 的 attribute 1 到 attribute 5：

```sql
select
    attribute_1,
    attribute_2,
    attribute_3,
    attribute_4,
    attribute_5
from table_1
```

假設有 table_1、table_2、table_3 都要做一樣的事情，不想把這一段語法複製貼上複製貼上，我們可以把相同的邏輯抽出，寫在 macro 裡面。

在 macros 目錄下，新增檔案 macro_build_query.sql 並貼入以下內容：

```sql
{% macro macro_build_query(table_name) %}

select
{% for i in range(1,6) -%}
    attribute_{{ i }} {%- if not loop.last %},{% endif %}
{% endfor %}
from {{ table_name }}

{% endmacro %}
```

這個 macro 包含一個參數，table_name。

使用方法，假設要傳入 table_name = table_2。

```sql
{{ macro_build_query('table_2') }}
```

語法 compile 完後的結果：

```sql
select
    attribute_1,
    attribute_2,
    attribute_3,
    attribute_4,
    attribute_5
from table_2
```

如果邏輯稍微不同，還能寫成 macro 嗎？

如果 table_1 和 table_2 我們想要產出 attribute_1 到 attribute_5，但 table_3 要產出 attribute_1 到 attribute_6，邏輯稍微有變化，還能寫在同一個 macro 嗎？當然可以，只要加入 if 判斷式，依傳進來的參數區別即可。

```
{% macro macro_build_query(table_name) %}

select

{% for i in range(1,6) -%}
    attribute_{{ i }} {%- if not loop.last %},{% endif %}
{% endfor %}

{%- if table_name == 'table_3' %}
,attribute_6
{% endif %}

from {{ table_name }}

{% endmacro %}
```

資訊：Macro 與 UDF 差異

特性	dbt Macro	database UDF
執行位置	dbt 編譯過程中	資料庫中
使用語言	Jinja 模板語言	SQL 或資料庫支援的語言（如 JavaScript、Python）
用途	生成和複用 SQL 片段語法	在查詢中透過自定義的 function 執行計算或複雜邏輯
靈活性	非常靈活，可生成任意 SQL 語法	通常限制特定的輸入和輸出類型
可移植性	較好，可跨不同資料庫使用	特定於資料庫系統

```
-- UDF 範例，生成平方結果：
CREATE FUNCTION `my_dataset.square`(number FLOAT64)
```

```
RETURNS FLOAT64
AS (
  POW(number, 2)
);

-- 使用方式
SELECT `my_dataset.square`(5) as result
```

 分享

DRY - Don't Repeat Yourself

DRY 是從軟體開發來的詞，Don't Repeat Yourself 的開發原則。

跟隨 dbt 的官方指引，透過 macro，可以進一步把 models 語法中常用到的邏輯抽離出來，就不會重複寫一樣的語法，對未來的維護會有幫助。但也不能太依賴，若把所有邏輯都寫成 macro，會影響可讀性，也可能因為 macro 小改動，導致所有引用的 model 錯誤。

● 6-4 dbt Package

▎Package 介紹

在 6-3 介紹如何用 macro 將共用的邏輯提取出來，寫成共用元件。那麼是不是有可能，別人已經開發過了類似的 macro，可以直接加到自己的專案使用呢？dbt package 就是一組預先寫好的 dbt 語法，由官方或社群所開發，可以直接在 dbt 專案中安裝使用。使用 package 可以大幅節省時間，避免重複造輪子。舉例幾種常用的 dbt package 類型：

1. **資料轉換**：幫助將結構相似的資料源轉換成所需的格式。例如：dbt_utils 提供許多有用的資料轉換功能，例如：pivot 和 unpivot 操作。

2. **Audit 查詢**：幫助檢查 dbt 專案的正確性。例如：dbt_audit_helper 提供一系列 macro，比較不同表格的數據，確保資料一致性。

3. **特定工具整合**：為特定工具或平台提供專門的 models 和 macros。例如：
   dbt-snowplow-web 專門用於處理 Snowplow 網站分析平台的資料。

4. **測試**：提供額外的測試功能來驗證資料。例如：dbt_expectations、dbt_
   utils 提供了很多好用的資料品質測試。

　　dbt package 本質上是一個獨立的 dbt 專案，有自己的資料夾結構。當一個 package 加入專案中時，就可以使用這個 package 中的所有功能，就像它們是自己專案的一部分。

▎Package 安裝步驟

　　加入 package 資訊到 packages.yml，如下範例：輸入指令 **dbt deps**，dbt 即安裝列出的 packages，這些 package 會安裝在 dbt_package 的資料夾下。

```
# project/packages.yml
packages:
  - package: dbt-labs/snowplow
    version: 0.7.0
  - git: "https://github.com/dbt-labs/dbt-utils.git"
    revision: 0.9.2
  - local: /opt/dbt/redshift
```

▎示範將 dbt_utils 寫在 model

　　以下用幾個 macro 舉例，示範不同的用法。

　　dbt_utils.safe_add 這個 macro 可以使用在 model 中，相加數個欄位時避免 null 的問題。舉例：

```
select
{{ dbt_utils.safe_add(['attribute_1', 'attribute_2']) }}
from table_1
```

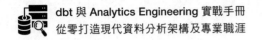

compile 出來的結果

```
select
coalesce(attribute_1, 0) +
  coalesce(attribute_2, 0)
from table_1
```

也可以自己下 coalesce，但用 dbt_utils.safe_add 會比較簡短。

 分享

coalesce 用於處理 NULL 值和數據合併，coalesce 函數會回傳其參數列表中第一個非 NULL 的值。例如：`coalesce(first_name, last_name, 'Unnamed')`，如果 first_name 非 NULL 則會回傳 first_name，否則 last_name 非 NULL 就回傳 last_name，如果兩者都是 NULL，則回傳 Unnamed。

在 yaml 檔中使用 package

剛剛所說的 safe_add 是在 model 中使用，另一方面，package 也可以在 yaml 中 generic test 使用。

例如：使用 dbt_utils.not_accepted_values 定義欄位不允許出現的值。

```
version: 2

models:
 - name: stg_orders
   columns:
    - name: status
      tests:
       - dbt_utils.not_accepted_values:
            values: ['pending_payment']
```

善用 dbt 社群開源的 dbt package 可以讓開發事半功倍，Ch7 將介紹其他好用的測試相關 packages，幫助高效率的檢查資料。

● 6-5 dbt 如何客製化 dataset 和 table 命名

有些情況需要更彈性的設定 dbt models 的位置跟 table 命名，本節以 BigQuery 舉例，其他平台也可以參考自行改寫相關的 macro。

| Custom schema

dbt 提供客製化資料集（schema）命名的功能，可以更好地控制資料的組織方式。

在 dbt 與 BigQuery 的使用中，名詞的定義如下：

* database = project

* schema = dataset

▤ 什麼是 dbt custom schema？

dbt custom schema 允許自定義 BigQuery 資料集的名稱。

▤ 為何需要使用 dbt custom schema？

使用 dbt custom schema 可以更彈性地設定每個 dbt model 生成在 BigQuery 資料集的位置，更清晰地組織資料。如果沒設定 schema，執行 dbt 的預設 dataset 就會依照 profile.yml 內設定的 dataset 名稱決定，例如：以下 profile.yml 內設定 dataset 為 demo_test，則所有 dbt run 的 model 都預設生成為 demo_test 的 BigQuery dataset。但是資料實際上會依 data pipeline 的流程，需要生成在不同 dataset。

```
# profiles.yml file
demo-dbt:
  target: dev
  outputs:
    dev:
```

```
dataset: demo_test
job_execution_timeout_seconds: 1800
job_retries: 2
location: US
method: oauth
priority: interactive
project: demo-1606
threads: 8
type: BigQuery
```

🗄 如何使用 dbt custom schema ？

需要在 dbt_project.yml 檔案中設定：

```
# dbt_project.yml
name: demo-dbt

models:
  demo-dbt:
    events:
      +database: demo-1606
      +tags: demo
      +materialized: table
      +schema: datamart

    base:
      +materialized: view
    +schema: staging
```

如果設定 custom schema 為 +schema: datamart，執行 events 資料夾下的 model 會在 demo-1606.**demo_test_datamart**.{model} 生成。

為何 dataset 的名字把 { 預設 } & {custom schema} 連在一起呢？因為依照 dbt custom schema 官方文件 [1]，這是 project/macro/get_custom_schema.sql 的預設 macro 決定的，如下顯示：

---

[1] dbt custom schema 官方文件：https://docs.getdbt.com/docs/build/custom-schemas#how-does-dbt-generate-a-models-schema-name

```
-- get_custom_schema.sql
{% macro generate_schema_name(custom_schema_name, node) -%}
{%- set default_schema = target.schema -%}
{%- if custom_schema_name is none -%}


    {{ default_schema }}

{%- else -%}


-- 如果 dbt_project.yml 設定 schema，default_schema 就會把預設 schema 和
custom_schema 接起來
    {{ default_schema }}_{{ custom_schema_name | trim }}

{%- endif -%}
{%- endmacro %}
```

若不想使用連起來的 dataset 名字，要用自己的規則命名，例如：custom schema 當 dataset 名字，只要修改 get_custom_schema.sql 的語法，例如：

```
-- get_custom_schema.sql
{% macro generate_schema_name
(custom_schema_name, node) -%}

  {%- set default_schema = target.schema -%}
  {%- if custom_schema_name is none -%}

    {{ default_schema }}

  {%- else -%}
    {%- set env = var("env", none) -%}
    {%- if env is none -%}
      {{ custom_schema_name | trim }}_dev
    {%- elif env == "prod" -%}
      {{ custom_schema_name | trim }}
  {%- endif -%}
{%- endmacro %}
```

若使用上述語法，設定本地端開發時，透過 dbt 指令實體化 model 時，table 或 view 會產生在 {custom_schema_name} 後綴 _dev 的 dataset 下，例如：datamart_dev。正式環境執行時，會設定參數 vars env=prod，model 則會產生在 custom_schema_name 下，例如：datamart。透過指令設定 --vars 的範例：

```
dbt run --vars 'env: prod'
```

 分享

官方警告：不要在 macro 直接替換 default_schema 為 custom_schema_name。如果正在修改 dbt 生成 schema 名稱，不要只是在 generate_schema_name 的 macro 將 {{ default_schema }}_{{ custom_schema_name | trim }} 替換為 {{ custom_schema_name | trim }}。要加上判斷條件，像是上方範例寫法。因為若單純替換 {{ custom_schema_name | trim }} 將導致團隊開發者在本機環境創建 custom schemas 時覆蓋正式環境的 model。這也可能在開發和 CI 階段發生問題。

Custom alias

dbt 提供 custom alias 的功能，可客製化定義 table 或 view 的名稱。dbt 預設 dataset 的 table 名稱為 model.sql 檔名，若 model 設定 alias，database 就會產生自定義的 table 名稱。

為何要用 alias

以下情境都可以用 custom alias 解決：

1. 在某些情況下，預設的 table 名稱不直觀，想在資料平台設定不同名稱。

2. dbt project 內 model.sql 不允許檔名重複。

假設頂台小籠包的行銷部和採購部都有會員表，但資料都由明宏的團隊負責，所以在同個 dbt project 執行，雖然放在不同 BigQuery project.dataset，但

剛好都有表名 member，這時只要跑 dbt run 就會出現錯誤訊息，如圖 6-2。

```
(.venv) data-ai-agent-py3.12brucehuang ~/Documents/dbt/jaffle-shop-classic [main] $ dbt run --select customers.sql
14:46:45  Running with dbt=1.8.2
14:46:45  Registered adapter: bigquery=1.8.1
14:46:46  Encountered an error:
Compilation Error
  dbt found two models with the name "customers".

  Since these resources have the same name, dbt will be unable to find the correct resource
  when looking for ref("customers").

  To fix this, change the name of one of these resources:
  - model.jaffle_shop.customers (models/staging/customers.sql)
  - model.jaffle_shop.customers (models/customers.sql)
```

圖 6-2　model name 重複錯誤結果

如何使用 alias？

1. 在 model.sql 上 config 加入 alias，model 檔名改為 staging_member。

```
-- models/base/staging/staging_member.sql

{{ config(alias='member') }}

select * from ...
```

這時 model 檔名雖然是「staging_member.sql」，**dbt run** 執行後在 dataset 的 table name 會變成設定的 alias「member」。

2. 在 schema.yml 設定 alias。

```
# models/demo/schema.yml
version: 2

models:
  - name: datamart_member
    config:
      alias: member
  - name: analytical_member
    config:
      alias: member
```

在 6-1 提到，各種 config 設定可以寫在 schema.yml，而 alias 就是一種 config，所以可以把想改的 table 統一寫在 schema.yml 的 model 統一管理，如上範例。

📇 進階做法：改寫 get_custom_alias.sql

如果已經熟悉 macro，可以改寫 macro/get_custom_schema.sql 這個 macro，加入定義的 alias 條件。這樣一來，就不需要一個個設定 table alias。

原始的 get_custom_alias 如下：

```
{% macro generate_alias_name(custom_alias_name=none, node=none) -%}

    {%- if custom_alias_name is none -%}

        {{ node.name }}

    {%- else -%}

        {{ custom_alias_name | trim }}

    {%- endif -%}

{%- endmacro %}
```

macro 改寫方式如下範例，把 dbt 的 model.sql 檔名都設定用「.」隔開，只取最後一個「.」之後的字，例如：model 檔名為 demo.datamart.member.sql，macro 只會取 member 當 custom alias 名稱。

```
{% macro generate_alias_name(custom_alias_name=none, node=none) -%}

    {%- if custom_alias_name is none -%}

        {{ set name_list = node.name.split('.' }}
        {{ name_list|last }}

    {%- else -%}
```

```
    {{ custom_alias_name | trim }}

  {%- endif -%}

{%- endmacro %}
```


● 6-6 掌握 dbt incremental 的增量更新技巧

▌dbt incremental 定義

先說明什麼是增量及全量：

- **增量**：有異動的部分資料。

- **全量**：整張 table。

平常若沒特別設定，dbt run 預設是全量更新 table，從 target 資料夾 / models/model.sql 可以找到每次 dbt run 跑完的全量更新語法：

```
create or replace view `demo-1606`.`staging`.`orders`
  OPTIONS()
  as SELECT.....
```

若有其他考量，不希望每次都全量更新，dbt 也提供了增量更新的方式。

▌為何要用增量更新 table ？

節省運算時間及費用。例如以下狀況：

1. 全量更新的執行時間太久。

2. 雲端資料庫費用是以量計價，且 model 查詢的資料量龐大，產生太多費用。

3. 資料源為累加型資料，例如：網站 log 資料。

如何使用 incremental

基本用法：於 model config 或 dbt_project.yml 設定 materialized = 'incremental'。

incremental 模式種類

1. 直接 append 新資料

執行 dbt run 直接 append query 的資料到目標 table。

```
{{
    config(
        materialized='incremental'
    )
}}

select
    *,
    my_slow_function(my_column)
from raw_app_data.events
```

2. 根據篩選條件 append 新資料

若 model 加上判斷式 **{% if is_incremental() %}**，則每次增量更新時，只
會新增符合篩選條件的資料。

```
{{
config(
        materialized='incremental'
    )
}}

select
    *,
    my_slow_function(my_column)

from raw_app_data.events

    -- 以下只會在 incremental 情況下執行
```

```
{% if is_incremental() %}
  -- 邏輯：資料的 event_time > 上次執行最晚的 event_time 資料才會 insert
  where event_time > (select max(event_time) from {{ this }})
{% endif %}
```

3. **設定 key 值，使用其他增量策略**

   若設定 unique_key 值，dbt 會根據使用的資料庫更新策略，搭配 key 值更新資料，且 key 值可以設定多個欄位。

資料庫的更新策略

在此用 BigQuery 舉例，其他資料庫使用策略請參考線上資源「dbt incremental_strategy」，執行完後，可以去 target 資料夾看執行的語法，確認更新方式是否符合預期。

1. **merge**：預設，比對到 key 則 update 該筆，沒比對到則 insert。

2. **insert_overwrite**：若使用此策略不需設定 key 值，用於在目標表中替換整個分區的資料。注意，若要使用這個更新策略，必須為 model 設置 Partition 分區。

🗄 merge 用法

```
{{
    config(
        materialized='incremental',
        unique_key='date_day' -- 若有多個 key 需寫成陣列 ['date_day', 'user_id']
    )
}}

select
    date_trunc('day', event_at) as date_day,
    count(distinct user_id) as daily_active_users

from raw_app_data.events

{% if is_incremental() %}
```

```
  where date_day >= (select max(date_day) from {{ this }})

{% endif %}

group by 1
```

Insert_overwrite 用法

```
{{
  config(
    materialized = 'incremental',
    incremental_strategy = 'insert_overwrite',
    partition_by = {'field': date_day, 'data_type': 'date'},
-- 設定時間刻度，若 date 時間欄位可設定 'day','month','year' partition 時間範圍
    granularity = 'day'
  )
}}
select
    date_trunc('day', event_at) as date_day,
    count(distinct user_id) as daily_active_users

from raw_app_data.events

{% if is_incremental() %}

  where date_day >= (select max(date_day) from {{ this }})

{% endif %}
group by 1
```

使用 Incremental 注意事項

有關 `{% if is_incremental() %}` 的用法。

- model 中 `{% if is_incremental() %}` 這段 macro 在以下 3 個條件皆達成才會觸發：

  - 目的地已有 table 存在。

- ■ dbt run 沒有 full-refresh flag。

- ■ model 有加上 config `materialized='incremental'`。

- 若有設 key 沒設定 is_incremental？

  這次 incremental 會把來源 query 全部比對目標 table，若有設 is_incremental macro，會減少來源資料量，因此計算量也會降低。

- 若 model 需要重新建立 table，跑 dbt run 後加上 `--full-refresh` 的 `flag` 就可以全量更新。

```
dbt run --full-refresh --select my_incremental_model+
```

線上資源

dbt incremental 補充資源
https://github.com/dbt-local-taipei/dbt-book-01/blob/main/
chapter-06/06-06-01_resources.md

dbt 增量策略補充資料

- insert_overwrite 定義。

- 各種資料庫支援的 incremental strategy。

● 6-7 深度解析 dbt snapshot 設定步驟和各種策略

| dbt snapshots 是什麼？

　　dbt snapshots 是 dbt 提供的一種資料備份機制，保存歷史資料，記錄隨時間變化的 table 情況。

為何要用 snapshot？

data 團隊使用 snapshot 有兩個常見目的：

1. **保留資料異動的軌跡**：例如有一個會員 table，其中一個欄位是當年累積消費金額，所以此欄位每天都會更新，未來想要回頭檢視過去的累積消費金額，就需要資料 snapshot。

2. **未來想要復原過去某天的資料**，有些 table 欄位是會更新的狀態，例如交易狀態，使用 snapshot 保存每個狀態的時間及其他資訊，以防系統當機需要復原的需求。

dbt 使用的備份機制

dbt 的 snapshot 機制為來源 table type-2 Slowly Changing Dimensions（或稱 SCDs）[2]，用於檢視 table 中的 row 如何隨時間變化。

如何使用 snapshot

1. 在 dbt_project.yml 的 snapshot-paths 定義的 snapshot sql 語法的路徑位置（預設在 /snapshot 下，若不變更就不用這步）。

2. 若要將 snapshot 加入專案，請在 snapshots 目錄中創建一個 .sql 副檔名的檔案，例如：snapshots/orders.sql。

以下寫在 snapshot sql 檔內，以 member_snapshot.sql 為例：

1. 定義 snapshot table name。

2. 定義 snapshot 的 config 設定。

3. 定義 snapshot query 語法。

2　SCD 定義：https://en.wikipedia.org/wiki/Slowly_changing_dimension#Type_2:_add_new_row

範例：

```
---1---
{% snapshot member_snapshot %}
------2------
{{
    config(
      target_database='demo-293',
      target_schema='snapshots',
      unique_key='MemberID',
      strategy='timestamp',
      updated_at='UpdateDate'
    )
}}
----3-----
select * from {{ source('jaffle_shop', 'orders') }}

{% endsnapshot %}
```

▌config 如何設定

target_database、target_schema 各自為 snapshot 要放的 database 和 schema，以下介紹其他四項。

- **snapshot strategy**[3]：一開始要決定要用什麼 snapshot 策略，最常用的是 timestamp 和 check 兩種。

  - **timestamp**：timestamp 策略使用 updated_at 欄位來判斷一行資料是否有變動。如果某 row 資料的 updated_at 欄位比上次執行 snapshot 的時間更晚，dbt 將會使舊的記錄失效並記錄新的資料。如果時間戳沒有變化，那麼 dbt 將不會採取任何行動。若 table 有 updated_at 的時間戳欄位，dbt 官方優先建議使用此策略。

3　snapshot strategy: https://docs.getdbt.com/reference/resource-configs/strategy

- check：對於沒有可靠 updated_at 欄位的 table，dbt 建議使用 check 策略。這種策略是透過比較 check_cols 欄位資料有無變動來判斷。如果這些欄位中的任何一個有變化，那麼 dbt 將會使舊的記錄失效並記錄新的資料。如果欄位值相同，那麼 dbt 將不會採取任何行動。以下為 check 策略範例：

```
{% snapshot orders_snapshot_check %}

    {{
        config(
          target_schema='snapshots',
          strategy='check',
          unique_key='id',
          check_cols=['status', 'is_cancelled'],
        )
    }}

    select * from {{ source('jaffle_shop', 'orders') }}

{% endsnapshot %}
```

- unique_key[4]：這是 dbt 去比對某一筆資料是否有變動的 key 值，此欄位必須是唯一值，若沒有 key 值也可以用組合欄位當 key。

```
{% snapshot transaction_items_snapshot %}

    {{
        config(
          unique_key="transaction_id||'-'||line_item_id",
          ...
        )
    }}

select
```

---

4 Snapshot unique key: https://docs.getdbt.com/reference/resource-configs/unique_key

```
    transaction_id||'-'||line_item_id as id,
    *
from {{ source('erp', 'transactions') }}
{% endsnapshot %}
```

- **updated_at**：使用 timestamp 策略則需要填此項目，dbt 用此時間欄位判斷
  資料有無更新以記錄資料。
- **check_cols**：用 check 策略則需要填此項目，只要填入欄位值與原本有差
  異都會紀錄。

snapshot 的結果是什麼？

snapshot 產出的 table 會多 4 個欄位：

欄位	解釋	用法
dbt_valid_from	snapshot 資料列被建立的時間	透過 dbt_valid_from 看該欄位的不同時間版本
dbt_valid_to	若該資料列已有新紀錄，則舊的資料列變成無效的時間	可以當作 row 的有效期限日，假如是最新的 row，則會是 null
dbt_scd_id	每個 snapshot 紀錄的 unique key	dbt 內部邏輯判斷使用
dbt_updated_at	該資料列更新的時間	dbt 內部邏輯判斷使用

如下 snapshot table 範例，id = 1 的 status 被改變即產生一筆 snapshot：

id	status	updated_at	dbt_valid_from	dbt_valid_to
1	pending	2019-01-01	2019-01-01	2019-01-02
1	shipped	2019-01-02	2019-01-02	null

在 dbt_project.yml 設定 snapshot config

若有很多 table 須設定 snapshot，在每個 model 內設定 config 是比較難管理
的，因此可以參考 6-1 的設定介紹，在 dbt_project.yml 管理每個 table snapshot
的設定，如下範例：

```
# dbt_project.yml
snapshots:
  demo:
    datamart:
      member_snapshot:
        +unique_key: MemberID
        +strategy: timestamp
        +updated_at: UpdateDate
```

snapshot 注意事項

1. 若其他 model 要抓取 snapshot table 的資料，請用「ref」而不是「source」。

```
-- models/changed_orders.sql
select * from {{ ref('orders_snapshot') }}
```

2. 若 snapshot 的來源 table 欄位有變動，要如何處理？

   - 增加欄位：dbt 會在 snapshot table 增加欄位。

   - 刪除欄位或欄位型態異動：dbt 的 snapshot table 都不會變動。

3. key 值有重複會發生什麼事？

   若 key 值有重複，可能導致結果誤差，且 dbt 不會幫忙檢查和提示。因此建議來源 table 多做 unique 檢查。

4. 如果 snapshot 來源 table 刪除 row，dbt 怎麼處理？

   dbt 預設刪掉的 row 是正常的狀況不會處理，若要挑出來，則需設定。invalidate_hard_deletes=true，則 dbt 會把 snapshot table 的 dbt_valid_to 欄位設為現在時間。

   本章介紹了進階用法及使用情境、案例，讓你可以更靈活使用 dbt。Ch7 要告訴你，想掌握更多 Analytic Engineering 的資料品質知識，還需要知道的重要觀念。

PART 3

實用資料觀念及最佳實踐

想具備專業的 Analytics Eengineering 技能及知識，你必
須知道 Data Governance（資料治理）、Data Modeling
（資料建模）、Reverse ETL（反向 ETL）、Data Vault
（資料金庫）等觀念。

資料品質管理

隨著頂台小籠包的資料環境逐漸成形，越來越多員工開始自主查閱和使用資料。明宏和雨辰透過 dbt 建立的資料架構不僅提高了效率，還促進了公司的數據文化。然而，隨著資料消費者的增加，資料品質的問題也浮出檯面。例如：行銷部看報表時詢問明宏資料的正確性，因為與內部原本看的數字不一樣。未來只會更常被詢問類似資料問題，以下繼續用頂台小籠包舉例如何精進資料品質。

7-1 資料品質定義及影響因素

資料品質是頂台小籠包資料團隊擴展後需要面對的首要任務，因為資料變多，資料消費者也變多，雨辰和明宏的目標就是提升資料的可信度，打造可信賴的資料團隊。

如何定義資料品質呢？

根據 Data Governance：The Definitive Guide 的定義，資料品質可從三個量化指標觀察。

1. **準確度（Accuracy）**：資料的正確性，例如：數字正確、有無重複資料。

2. **完整性（Completeness）**：可用或有效值資料的比例，例如：null 值比例低。

3. **時間性（Timeliness）**：資料即時性，例如：主管看的儀表板資料能否如期每天更新。

影響資料品質的面向？

影響資料品質的面向是從上到下的，可以分制度面的資料治理以及工作流程面的 DataOps 討論。

資料治理（Data Governance）

根據 Data Governance：The Definitive Guide 的定義，資料治理是確保組織資料的品質、完整性、安全性。延伸來說，資料治理結合人員、流程和技術，在組織內最大化資料價值，同時也有完善的資料安全機制。其中資料品質就是資料治理的終極目標之一，所以頂台小籠包的資料團隊需要訂定一套資料治理的規範，最終才能有好的資料品質。例如：資料權限，資料團隊是頂台小籠包的資料擁有者，若把所有資料都開放給其他部門編輯權限，其他部門就有刪除資料和竄改資料的風險。或是資料轉換規範，若依循 dbt 官方建議的三層架構，也是資料治理的範疇。以上規範的都與資料品質的結果息息相關。

由於資料治理的面向非常廣泛，市面上有多本著作，甚至有資料治理相關國際證照，鼓勵讀者另外深入了解資料治理的內容。

DataOps

DataOps（Data Operations）是一種融合 DevOps 理念與資料管理的方法論，將人員、流程和技術整合，以縮短資料價值實現的時間。

DataOps 採用 DevOps 的核心概念，例如：自動化、CI/CD、版本控制，強調快速創新、高品質資料、跨團隊協作；不同於軟體工程，DataOps 驅動的資料產品更注重商業邏輯和關鍵指標。需要清晰的結果觀察和監控。

根據 Data Kitchen（專業 DataOps 軟體）描述 DataOps 的四個成果：

1. 快速的創新及試驗。

2. 高資料品質，低錯誤率。

3. 與不同背景的團隊成員合作。

4. 清楚的衡量指標及監控。

依照上述定義，高資料品質是 DataOps 重要的結果一環，透過頂台小籠包導入相關流程，例如：

1. 採用 dbt，實現了資料轉換過程的自動化，減少人為涉入的錯誤。

2. 使用 git 版本控制使團隊開發更快速及控制程式碼品質。

3. 資料團隊導入 CI/CD 流程，讓程式碼上線前都經過初步檢查，自動化部署也能減少人為部署錯誤。

種種 DataOps 元素都直接或間接的影響頂台小籠包資料品質的最終結果。

DataOps 是近年熱烈討論的流程，範圍廣泛，尚無統一的定義，不過市面上有多本書籍和多篇文章討論相關的作法，歡迎讀者研讀相關著作，本節只聚焦 DataOps 與資料品質的關係。

📋 **分享**

CI/CD（Continuous Integration/Continuous Deployment 或 Continuous Delivery）是一種軟體開發實踐的流程，主要目的讓產品或系統的整合和交付過程自動化和更頻繁。在資料領域中，CI/CD 也逐漸扮演重要的角色。

基本概念：

- CI：開發人員頻繁地將程式碼變更整合到一個共享的儲存庫中。每次整合之後都會自動化地進行建置和測試，以儘早發現問題。

- CD：透過自動化的流程，將通過測試的程式碼變更部署到正式環境中。或是 Continuous Delivery，交由人工確認後再部署。

CI/CD 可以幫助資料團隊更高效、更可靠地交付資料產品與服務，並提升開發效率與資料品質，是 DevOps 在資料領域的一個實踐方式。

dbt test 非常適合當作 CI 流程的測試環節，幫助資料團隊自動化檢查 dbt model 更動後，資料邏輯是否維持正確。

線上資源

Data Governance 及 DataOps 補充資料
https://github.com/dbt-local-taipei/dbt-book-01/blob/main/
chapter-07/07-01-01_resources.md

7-2 資料品質（Data Quality）的實作

　　資料品質是頂台小籠包資料團隊擴展後需要面對的首要任務，雨辰和明宏如何融入資料治理及 DataOps 的概念提升頂台小籠包的資料品質呢？

1. 實施 End-to-End 的資料品質管理

　　從資料源頭擷取，平台儲存、處理，到下游匯出，在 data pipeline 節點適時加入資料品質檢查機制，確保資料正確性。透過 dbt test 檢查重要資料表和欄位可以方便實現資料品質管理。

2. 建立資料品質監控機制

　　最基本一定要建立每個檢查的警示通知，檢查結果若失敗要能讓資料負責人知情並及時處理。

　　另外也要觀測一段期間的資料品質相關指標，例如：每月的檢查失敗比例、dbt 執行時間趨勢分析。實作方法已經能透過 dbt 套件 elementary 的儀表板觀測，詳細內容會在 7-6 介紹。

3. 建立資料事件管理流程

　　若資料有問題，每個資料負責人要有能力反應做及時處理、原因分析（Root Cause Analysis）和解決，最後主動預防事件發生。

　　情境：某一天，店務部主管發現 Metabase 上的銷售報表資料異常，某些店鋪的銷售額突然暴增，遠超過正常水準。

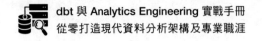
資料事件管理流程的實施：

1. **及時處理：**

   - 店務部主管通知明宏關於銷售報表數據異常情況。

   - 明宏檢查並發現 dbt 模型中的 join 邏輯錯誤，立即修正並重新運行 pipeline。

2. **原因分析（Root Cause Analysis）：**

   - 明宏查找問題根源，發現錯誤源自最近的 dbt 模型更新。

   - 透過 git 歷史追蹤到導致問題的具體程式碼變更。

3. **解決方案：**

   - 明宏修正 SQL 程式碼，新增 CI 測試，並更新 dbt 文件。

   - 在團隊會議中分享經驗教訓。

4. **主動預防：**

   - 實施自動化測試和資料異常警報系統。

   - 建立程式碼審查機制和定期資料品質追蹤。

5. **文件化和知識共享：**

   - 將事件處理過程記錄在團隊共享文件中。

▌4. 制定資料標準化及培養文化

與上游資料來源制定標準格式和 schema，將資料視為產品以持續改進品質。透過資料管理人和培訓提升資料素養，讓組織成員正確使用資料。同時，平衡資料的可訪問性和可信度，確保其易用、準確且安全。這些措施有助於建立重視資料品質的文化。

● 7-3 dbt test 原理、使用方式

本節將介紹如何利用 dbt test 及套件實作資料品質管理流程。

▋dbt test 的使用時機

Ch4 提到 dbt test 的基本功能，用於確保 data transformation 的資料正確性和一致性。在正式環境的 data pipeline 中，通常在 dbt run 前後使用，主要發生在以下 2 個情境：

1. 每日 source 新資料進來時，透過 dbt test 檢查 source 資料正確性。

2. 每次修改 model 要上版時，dbt test 當作 CI 流程來確認修改邏輯的正確性。

▋Test 使用方式及種類

▤ Singular tests

```
select
    order_id,
    sum(amount) as total_amount
from {{ ref('fct_payments' )}}
group by 1
having not(total_amount >= 0)
```

Singular test 如上範例，就是寫一個專用的 test query，若出現結果就是 test fail。這樣寫法優點就是很彈性，想測試什麼都可以，但缺點是若測試項目很單純，例如：unique、not null，而且共 10 個 models 和 sources 會用到，就要寫 10 次 test query，不但繁瑣且難維護。因此有 generic tests 的產生。

Generic tests

Generic test 是 Ch4 提到內建的四個 test 寫成的方式，但只有四個一定不夠所有 test 情境，所以常遇到的情境也可以寫成團隊共用的 generic test，只要寫一次 test query 模板在 test/generic 資料夾內，未來彈性的帶入 model 及 column 重複使用，且可帶入其他參數。

以下為撰寫檢查一張表最近更新日期的使用範例：

```
-- test/generic/recency_test.sql
{% test recency(model, column_name, day_interval) %}

  select 1
  from {{ model }}
  where {{ column_name }}< DATE_SUB(CURRENT_DATE('Asia/Taipei'), interval
  {{day_interval}} day)

{% endtest %}
```

Generic test 使用範例：

```
-- test/generic/recency_test.sql
version: 2

models:
  - name: users
    columns:
      - name: update_time
        tests:
          - recency:
              day_interval: 1
```

 注意

設定 test 的位置

6-1dbt 各種設定提到設定項目的位置，因為 test 是屬於 properties，撰寫自定義 model 及 column 的各種屬性，所以我們建議 test 都寫在 YAML 檔，而非 model 上方的 config 區塊。

dbt test 撰寫建議

　　dbt-utils、dbt-expectation、elementary…等 dbt package 提供各種 test 情境，接下來會詳細介紹。若 package 的 test 都不符合需求，但又需要一個常常用到的 test，就建議自己寫 generic test 複用，如果是客製化的 test 就寫 singular test。

● 7-4 dbt test 常用的 package「dbt.utils」及「dbt_expectations」介紹

由官方提供的 package：dbt-utils

基本功能

　　dbt-utils 主要提供很多 generic test 的測試項目，當 dbt 基礎的 4 個測試項目不夠用會優先從 dbt-utils 找有沒有符合的。

常用的 dbt-utils test 項目

- **at_least_one（source）**：常用在檢查全量更新的 table 源頭，上游資料源沒資料，執行全量更新後，下游表都會沒資料。

- **accepted_range（source）**：若資料欄位有一定的範圍，它可以抓出超過範圍的異常資料。

- **equality（source）**：常用在比對兩個 models 資料是否完全一樣，可以用在 refactor 或資料庫轉移時使用，當確認兩邊筆數一樣，這個檢查可以抓出資料內容的差異，但資料量大時要注意執行查詢的資料量。

- **unique_combination_of_columns（source）**：dbt 內建的 unique test 只能測單一欄位，若你的 tablekey 值是多欄位組成的，此測試項目可以檢查是否有重複值。

- **recency（source）**：recency 會檢查資料有沒有在設定時間後更新，基本上是大家都會用到的 test，但要注意的是它的檢查時間型態是 timestamp，若你的時間欄位型態是 datetime 就會有轉換時區問題。

🗄 dbt utils 使用範例

```
--my_project/models/migocorp/schema.sql
version: 2

models:
  - name: orders
    columns:
      - name: order_id
        tests:
          - dbt_utils.at_least_one
```

dbt_expectations[1]

這個套件主要是受到 Python 知名套件 Great Expectations 的啟發所設計，也是 dbt 受歡迎的資料品質檢查 package。dbt_expectations 主要提供以下資料品質測試功能：

- **區間檢查（Range checks）**：確保數值落在特定範圍內。

- **字串匹配檢查（String matching checks）**：檢查字串是否符合預期格式。

- **嚴格的表格結構檢查（Robust table shape checks）**：確認表格的欄位數量和資料型態是否正確。

dbt_expectations 能輕鬆地將 generic tests 加入 dbt project 中，建議撰寫自定義 generic tests 前，可以先檢查一下 dbt_expectations 是否有符合需求的測試功能。

1　dbt expectations package hub：https://hub.getdbt.com/calogica/dbt_expectations/latest/

● 7-5 如何儲存和查詢 dbt test 結果？

▌dbt artifacts 是什麼？

dbt artifacts[2] 是執行 dbt 指令後，像是 dbt run、dbt test 會產生的各種 json 檔，有 log 記錄、執行結果…等。dbt artifacts 有很多用處，其中一項就是從中篩選 dbt test 結果，並通知錯誤。

▌dbt test 的結果怎麼處理？

當運行 dbt test 失敗時，需要通知相關人員，因為它能及時發現事先定義測試的異常問題。如果 test 結果失敗，可能表示資料中存在異常，影響 BI 和下游分析系統。

▌dbt test 的結果怎麼通知？

dbt test 可以像 dbt run 跑失敗後在排程回傳 error 訊息當作通知，但這會有兩個問題：

1. 當 dbt test 項目很多時，三不五時會跳出 test error，但可能是不嚴重的問題，當還沒解決時，下游的使用者可能會先來問今天怎麼沒資料。

2. dbt test 的 console output 只有 test 名稱和錯誤筆數，當想去看錯誤資料時，還要特別寫一次 test query 查錯誤資料。

因此對於 dbt test 的通知還有改良的空間。

2　dbt artifacts：https://docs.getdbt.com/reference/artifacts/dbt-artifacts

問題 1 解法

在 dbt test 設定嚴重性，預設是 error，若是不嚴重的可以設 warn，排程就不會因為 error 中斷。

```yaml
version: 2

models:
  - name: large_table
    columns:
      - name: slightly_unreliable_column
        tests:
          - unique:
              config:
                severity: error
                error_if: ">1000"
                warn_if: ">10"
```

問題 2 解法

將 dbt test 的結果存起來，這時就要用到開頭講到的 dbt artifacts，把 dbt test 相關結果存在獨立的 dbt_artifact datebase，再從中篩選 error 的結果通知。聽起來是個大工程，但 dbt 已經把前段做好了，就是 Storing test failures。

Storing test failures 儲存失敗的結果

dbt test 若加上 flag --store-failures，dbt 就會將 test query 結果存到你的資料庫，如圖 7-1，dataset 命名為 dbt_test__audit，table 名稱是 test 的名字、table、column 的結合，執行 dbt test 後 output 會顯示錯誤資料的語法，讓使用者查詢錯誤的資料，如下圖 7-2 錯誤結果。請參考官方文件，了解更多 store_failures[3] 資訊及應用。

3　store_failures 官方文件：https://docs.getdbt.com/reference/resource-configs/store_failures

圖 7-1　--store-failures 相關 table 結果示意圖

```
14:55:48   8 of 10 FAIL 1 not_null_orders_order_id .......................................... [FAIL 1 in 7.72s]
14:55:48   3 of 10 PASS not_null_orders_bank_transfer_amount ............................. [PASS in 8.10s]
14:55:49   7 of 10 PASS not_null_orders_gift_card_amount .................................. [PASS in 8.26s]
14:55:49   2 of 10 PASS not_null_orders_amount ............................................ [PASS in 8.98s]
14:55:54   9 of 10 PASS relationships_orders_customer_id__customer_id__ref_customers_ ..... [PASS in 6.82s]
14:55:55   10 of 10 PASS unique_orders_order_id ........................................... [PASS in 7.06s]
14:55:55
14:55:55   Finished running 10 data tests in 0 hours 0 minutes and 17.42 seconds (17.42s).
14:55:55
14:55:55   Completed with 1 error and 0 warnings:
14:55:55
14:55:55   Failure in test not_null_orders_order_id (models/schema.yml)
14:55:55     Got 1 result, configured to fail if != 0
14:55:55
14:55:55     compiled code at target/compiled/jaffle_shop/models/schema.yml/not_null_orders_order_id.sql
14:55:55
14:55:55     See test failures:
           -----------------------------------------------------------------------------------------------
           select * from `bishare-1606`.`bruce_test_dbt_test__audit`.`not_null_orders_order_id`
           -----------------------------------------------------------------------------------------------
```

圖 7-2　dbt test --store-failures 錯誤結果

● 7-6　dbt test 常用的 package「elementary」套件介紹、dbt test 結果通知

　　前一節用 --store-failures 讓 dbt test 錯誤時可以快速 debug。然而 dbt Core 少了最後一哩路：通知資料檢查的結果。因此本節介紹 elementary dbt package，補足通知的最後一哩路，且改良前面流程。

elementary 是什麼？

上一節提到 dbt test --store_failures 會上傳 dbt test 結果，但少了通知功能，elementary 就補足了最後這段路。elementary 是一款全方位的 dbt package 套件。

主要特色

特色 1：特別的 dbt test 檢查項目

elementary[4] 的其中一個特色是有很多 tests，例如：透過標準差的原理，偵測數據是否異常，還可以自行設定時間區間及標準差敏感度。其他檢查項目還有「更新時間異常」、「group_by dimension 異常」、「欄位異常」…等各種偵測，例如：圖 7-3 的數據異常檢測。

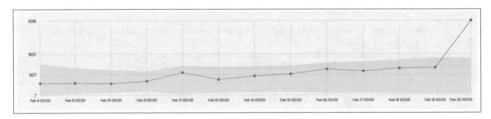

圖 7-3　elementary dbt test 結果 dashboard

特色 2：美觀的 dashboard

除了 dbt package，機器還要安裝 elementary Python 程式、設定 profiles.yml…等步驟，完成後執行指令 `edr report`，就會像 dbt docs 一樣，產出一個 html 檔案的 dashboard 介面。如圖 7-4，可以由 dashboard 監測 dbt 執行時間長短、顯示 dbt models lineage、dbt test 記錄。

4　Elementary 更多 test 介紹：https://docs.elementary-data.com/guides/anomaly-detection-tests/volume-anomalies

圖 7-4　elementary dashboard demo

特色 3：傳送 dbt test 通知

　　目前 elementary 支援 Slack 和 MS Teams 兩種管道，當設定完通知步驟，只要執行指令 `edr monitor`，就會收到如圖 7-5 的 dbt test 失敗通知結果。之後只要排程執行完 `dbt run` 以及 `dbt test`，再執行 edr monitor 就可以自動化 dbt test 錯誤通知。

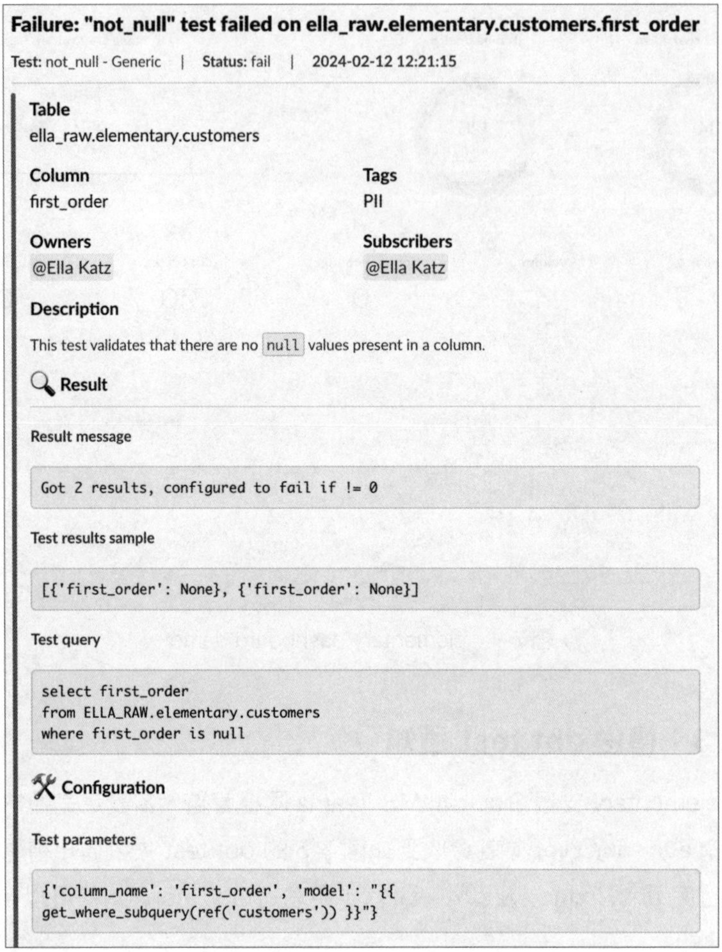

Failure: "not_null" test failed on ella_raw.elementary.customers.first_order

Test: not_null - Generic | Status: fail | 2024-02-12 12:21:15

Table
ella_raw.elementary.customers

Column   **Tags**
first_order   PII

Owners   **Subscribers**
@Ella Katz   @Ella Katz

Description
This test validates that there are no `null` values present in a column.

🔍 **Result**

Result message

```
Got 2 results, configured to fail if != 0
```

Test results sample

```
[{'first_order': None}, {'first_order': None}]
```

Test query

```
select first_order
from ELLA_RAW.elementary.customers
where first_order is null
```

🔧 **Configuration**

Test parameters

```
{'column_name': 'first_order', 'model': "{{
get_where_subquery(ref('customers')) }}"}
```

圖 7-5　elementary slack 通知畫面

▎elementary 儲存 dbt 的執行結果到 database

如果團隊不是用 slack 或 teams 當通訊軟體怎麼辦？那就要自己開發通知程式，而通知程式要去哪裡找 dbt test 的結果？

dbt 安裝完 elementary 後，**dbt run** 及 dbt test 執行完都會透過 post-hook 上傳各項結果，如圖 7-6 為 elementary 將 dbt 執行的部分結果產出，並上傳到資料平台。

> 🗒️ **分享**
>
> pre-hook 和 post-hook 是在 dbt 執行 model、seed 或 snapshot 前後運行的 SQL 語句。
>
> - pre-hook：在執行上述動作之前的 SQL 語句。可以用來做一些準備工作，例如創建臨時表或清理數據。
>
> - post-hook：在執行上述動作之後執行的 SQL 語句。可以用來做一些收尾工作，例如更新統計信息或刪除臨時表。
>
> 這些 hook 可以是單個 SQL 語句，也可以是多個 SQL 語句的 list。
>
> 更多 hook 介紹：https://docs.getdbt.com/reference/resource-configs/pre-hook-post-hook

圖 7-6　elementary 產生之 dbt 執行部分結果

上傳的表幫我們解決什麼問題？

上傳的其中一張資料表「elementary_test_results」包含各種 dbt tests 的 metadata，例如：執行時間、database、dataset、table、column 名稱、test name、severity、執行結果…等等，我們可以透過這些資訊開發客製化 dbt test 通知，以下為執行流程：

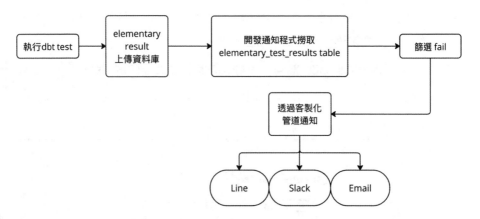

圖 7-7　資料品質通知流程圖

線上資源

套件 elementary 補充資料
https://github.com/dbt-local-taipei/dbt-book-01/blob/main/
chapter-07/07-06-01_resources.md

- 更多 elementary test 介紹

- elementary dashboard 設定步驟

- elementary alert 設定

7-7 透過 dbt test 與 Recce 實現 CI 流程

7-3 提到 dbt test 使用情境，第二項的 CI 情境是重要但大家容易忽略的步驟。若團隊修改 model 上版時沒有檢查邏輯的正確性，可能導致嚴重的資料錯誤，造成公司損失。

DataOps CI 有哪些步驟

在軟體工程中，開發人員將程式碼變更整合到共享的 Repository 中。每次部署前會進行 CI（整合測試），頂台小籠包資料團隊也可參考此上版流程而納入 CI，需要考慮的因素如下：

- **測試目的**：著重資料品質的影響，model 邏輯更動後資料是否如預期改變且無錯誤情形，最常發生的錯誤案例為：資料膨脹、資料為空值。

- **環境影響**：DataOps 的 CI 著重資料本身正確性，建議測試正式資料，而非測試資料，但又不能影響正式環境運作，因此可建置一個和正式環境一樣資料的測試環境，讓 CI 完整測試。

DataOps CI 的準備條件

1. 測試及正式環境，可透過 6-2 提到的 --env 或 --target 達成。

2. CI/CD 工具，像是 GitHub 自己的 GitHub Action、jenkins、CircleCI… 等，大家可以選擇適合團隊的 CI/CD 工具。

DataOps CI/CD 完整流程

提交 dbt model 變更→觸發 CI 流程→ PR review 確認→ CD 自動部署。

本節將著重在 CI 的測試內容，其他步驟請查閱你所使用的 CI/CD 工具文件及網路資源。

搭配 dbt 的 DataOps CI 流程

搭配 dbt，DataOps CI 流程可透過 dbt test 更順利達成，包含以下流程：

1. **dbt compile**：初步檢查 dbt models 可否 compile 成功。

2. **dry run**：預跑異動的 dbt model，在不使用運算資源下事先檢查欄位或 table 名稱…等非邏輯錯誤。若使用 BigQuery 可以使用 dbt-dry-run 這個 Python 工具執行。其他資料平台可透過 dbt1.8 以上的版本，支援 `dbt run --empty` 指令，--empty flag[5] 會空跑 dbt models，確保資料邏輯正確執行。

3. **dbt build**：dbt test+dbt run，在測試環境執行 `dbt test`，對重要 model 檢查設定好的 test 項目，例如：not null、unique、at_least_one。然後 dbt run 在測試環境產生資料，下一步會用到。

4. 雖然上一步驟檢查通過，但更動的檔案可能有資料錯誤卻沒有設定 dbt test 檢查，而我們也不會每個檔案都設定 test 項目，所以可以利用測試環境的資料產生固定的檢查項目，在 PR 階段讓 reviewer 確認資料的正確性。

以上步驟工程團隊可以自行開發，但若時間壓力或經驗不足，已經有開源工具協助以上流程，也就是接下來要介紹的工具：Recce。

Recce 介紹

Recce 是一個專為 dbt 專案設計的 Pull Request（PR）審查工具，用於驗證資料變更是否會對正式環境造成意料之外的影響。透過比較開發和正式環境之間的結果差異，幫助開發人員在部署程式異動之前進行詳盡的驗證。

Recce 主要功能及優點

提高資料品質，檢查筆數、型態、異動比率等，驗證 model 變更是否正確。

5　--empty flag：https://docs.getdbt.com/docs/dbt-versions/core-upgrade/upgrading-to-v1.8#the---empty-flag

- 提供 lineage 圖，辨識上游 model 變更對下游的影響。

- 加速 PR 審查流程，使 PR reviewer 快速確認檢查項目。

- dbt Core 及 dbt Cloud 皆可使用。

- 與 GitHub Action 整合，自動化 Recce 於 CI 階段執行流程。

▎Recce 使用流程

⊟ 安裝 Recce

使用 pip 安裝 Recce：

```
pip install -U recce
```

⊟ 在 dbt 專案中使用 Recce

進入 dbt 專案目錄：

```
cd your-dbt-project/
```

⊟ 準備 dbt artifacts

Recce 需要兩組 dbt artifacts：

- **target-base/**：用作比較基準的 dbt artifacts，例如：正式環境。

- **target/**：開發分支的 dbt artifacts。

⊟ 為 base 環境生成 artifacts

切換到專案的 main 分支，並將所需 artifacts 複製到 target-base/。

```
git checkout main

dbt run --target prod (--select)
dbt docs generate (--select)  --target prod --target-path target-base/
```

為分支環境生成 artifacts

```
git checkout feature/my-feature
dbt run (--select)
dbt docs generate (--select)
```

若專案 model 數量太多，dbt run 及 docs generate 會耗費不小的資源及時間執行，所以以上語法皆可用 `--select` 篩選節省資源。

啟動 Recce 伺服器

```
recce server
```

啟動 Server 後可透過各項功能查看異動 dbt model 的檢查，以下為最常用到的功能：

異動 model lineage

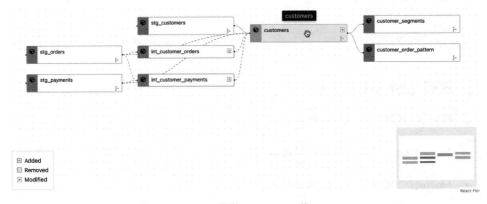

圖 7-8　Recce 異動 dbt model 的 lineage

Profiles diff

異動 model 的每個欄位皆可查看 type、row_count、null 比例…等檢查項目，與 base 環境的差異結果一個頁面一目了然。

Model Profile Diff ×

column_name	data_type		row_count		not_null_proportion		distinct_proportion		distinct_count		is_unique		min	
	Base	Current	Base	Current	Base	Current	Base	Current	Base	Current	Base	Current	Base	Cu
customer_id	integer	integer	100	100	1	1	1	1	100	100	true	true	1	1
first_name	varchar	varchar	100	100	1	1	0.79	0.79	79	79	false	false		
last_name	varchar	varchar	100	100	1	1	0.19	0.19	19	19	false	false		
first_order	date	date	100	100	0.62	0.62	0.46	0.46	46	46	false	false	2018-01-01	201
most_recent_order	date	date	100	100	0.62	0.62	0.52	0.52	52	52	false	false	2018-01-09	201
number_of_orders	bigint	bigint	100	100	0.62	0.62	0.04	0.04	4	4	false	false	1	1
customer_lifetime_value	hugeint	hugeint	100	100	0.62	0.48	0.35	0.31	35	31	false	false		

Add to check

圖 7-9　Recce 異動 dbt model 的 Profiles 各項檢查項目

　　把以上檢查結果增加到 checklist，貼到 PR review 頁面即可讓 reviewer 確認已完成的檢查項目。工具及環境的整合方面，Recce 與 GitHub Actions 已能自動化整合，除了 dbt Core，使用 dbt Cloud 的人也能使用 Recce，讓大家更方便在習慣的工具和環境完成 CI 的資料品質檢查，詳細使用方式請參考 Recce 官方文件。Recce 也推出 Cloud 版本，可以省下安裝和設定的流程，更流暢使用 Recce，詳情請參考官網資訊。

線上資源

https://github.com/dbt-local-taipei/dbt-book-01/blob/main/
chapter-07/07-07-01_resources.md

- Recce 官網：Recce 是一個專為 dbt 專案設計的 Pull Request（PR）審查工具。

- Recce 官方文件：説明如何安裝和使用 Recce。

Note

dbt 專案架構以及資料建模（Data Modeling）

本書到目前為止已經介紹了大部分的 dbt 功能，如果手上正好有一個資料專案，希望你已經開始思考如何將 dbt 應用到原有的流程上。但是除了功能面之外，你還需要了解資料建模以及 dbt 的 model 架構，本章將會介紹一些概念，希望能幫助你設計出合適的 dbt 專案。

● 8-1 dbt 的下游應用

在討論 dbt 的 model 設計之前，要先思考的是，dbt 所轉換的資料之後要運用到哪些下游。每個工具或平台適合的 table 和欄位設計不同，且在效能方面的考量也會有所差異。最常見的場景是運用在 BI 工具，除了 BI 之外，或許也會應用在 ML（machine learning，機器學習）、或 AI（artificial intelligence，人工智慧）。舉例來說，頂台小籠包在 dbt 轉換資料後，是使用 Metabase 做報表及分析，目前還沒有 ML 或 AI 的需求。另外還有一個情境，需要將 dbt 轉換過的資料，由資料倉儲打回商業系統，也就是 reverse ETL（反向 ETL）。本節將會分別介紹 BI 應用以及 reverse ETL。

| dbt 在 BI 的應用

常見的做法是先在 dbt 轉換資料後，再到 BI 載入 dbt 產出的資料。在製作成報表或圖表之前，還需要一些加工，例如：關聯資料表以及定義指標。

BI 的加工步驟：關聯資料表

在 dbt 準備 BI 的資料源，有不同的形式，例如：

- 將所有 BI 所需的資料合併成一張資料表：在 BI 載入資料的時候，只需要選取一個 table。

- 將資料拆分為多張資料表，並在 BI 工具中建立關聯：在 BI 載入資料的時候，需要選取多個 tables，並定義關聯。

如果採用多個資料表的做法，在 BI 載入資料表後的第一件事，就是定義資料表之間的關聯。例如：利用「商品編號」可以定義庫存資料以及商品資料兩個資料表。至於兩種作法分別有哪些優缺點，將會在 8-2 說明。

🗄 BI 的加工步驟：定義指標

儘管在 dbt 完成了大部分的資料處理，在 BI 中仍然還需要一些加工。聚合型態的指標就是一個例子，大部分的情況只能在 BI 中定義，無法事先在 dbt 計算。

在 BI 你會針對不同的維度（Dimensions）拉報表和圖表。例如：依月份加總、依商品分類加總、先依週別再依商品等級…等等。先選取維度後，下一個要挑選的是量值，例如：銷售數量、銷售金額、造訪人次、這類的量值只要選取 **sum**() 就可以計算出來。但像毛利率、平均銷售單價，這類的指標（Metrics）需要先聚合再相除，就必須在 BI 定義指標後，才能在報表使用。例如：

```
'平均銷售單價' = sum('銷售金額') / sum('銷售數量')
```

dbt 產出的是傳統 SQL 的 table 或 view，以表格的型態為主。表格的型態非常適合單列資料的計算，但在跨資料列計算各種聚合指標則較為困難。舉例來說，在 table 中加一個欄位，就可以輕鬆計算每一個資料列的平均銷售單價；但若要預先根據不同維度來進行聚合計算，就會比較困難，例如：

- 「每月份」的平均銷售單價。

- 「每個商品類別」的平均銷售單價。

- 「每個週別＋商品等級」的平均銷售單價。

等各種排列組合。

🗄 dbt 在 BI 應用的挑戰

在 dbt 可以將資料轉換模組化、文件化、加入版本控制及 review 流程，但轉換完的資料到了 BI 又會再做一些加工（如剛剛提到的，聚合型態的指標），這些加工卻沒有版控、文件化、模組化，感覺只做了半套。再者，如果不只一個系統

使用到 dbt 產出的資料，例如：除了 BI 工具之外，還有別的分析系統需要使用，跨了不同的系統，很可能導致不一致的計算結果。或是有一天，想從原本的 BI 系統換到另外一套新的 BI 系統，所有計算邏輯都要重新處理，也會非常耗時。

整體來說，沒辦法把所有的計算邏輯都包含在 dbt 專案，面臨的是以下挑戰：

- 沒有版控及 code review 流程。

- 邏輯重複編寫，難以維護。

- 如果有多個 BI 或分析系統，可能導致邏輯不一致。

- 如果要更換 BI 或分析系統，計算邏輯需要在新系統重新建立。

一個可能的解決方案是「dbt Semantic Layer」，可以將指標的定義包含在 dbt 專案，將在 8-5 介紹。

Reverse ETL（反向 ETL）

為什麼需要 Reverse ETL

雖然 BI 工具很強大，但通常一個公司內，許多人只熟悉與自身工作密切相關的系統（例如：ERP、CRM），但卻較不熟悉 BI。這些使用者如果想要查看 dbt 產出的資料，必須額外使用 BI 軟體，然而他們更希望在熟悉的系統中查看這些資料。

ETL 及 Reverse ETL

「ETL」是從來源系統，例如：ERP 的資料庫，提取、轉換、載入資料倉儲的過程。「Reverse ETL」，簡稱「rETL」，則是相反的方向，將資料倉儲的資料，寫回來源系統。例如：可以使用 Stitch 或 Fivetran 的 EL 工具，將 ERP 的資料複寫一份到 BigQuery；使用 dbt 處理之後，再用 rETL 工具，將轉換後的資料寫回 ERP，如圖 8-1。

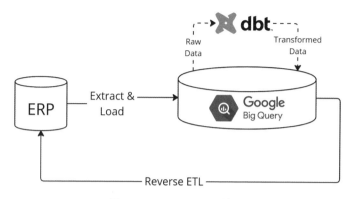

圖 8-1　Reverse ETL 流程

Reverse ETL 的例子以及應用

　　rETL 除了可以讓其他使用者在 BI 以外的系統「查看資料」，也可以將資料回寫到營運系統、行銷系統等，再做更多運用。例如：明宏想從頂台小籠包的訂單中計算出有潛力回購的客戶，可以在 dbt 處理資料，加上 tag 分類（到此是 ETL），接下來使用 rETL 工具，把 tag 回寫到頂台小籠包營運系統（這一段則是 rETL）。如此每家分店在使用營運系統時，就可以檢視顧客 tag，並依客群特性調整菜單和服務；也可以將 tag 寫入行銷系統，利用自動化行銷流程，發送折價簡訊給潛力顧客。如果你的團隊有這個需求，我們整理了一些延伸閱讀，請參考本節的線上資源。

線上資源

https://github.com/dbt-local-taipei/dbt-book-01/blob/main/
chapter-08/08-01-01_resources.md

Reverse ETL 相關延伸閱讀

- Taipei dbt Meetup #7 Intro to Modern Data Stack, Reverse ETL, A/B testing：Taipei Meetup 的 Reverse ETL 介紹，內容為英文。

- dbt Analytics Engineering Glossary - Reverse ETL：dbt 官方資源對於 Reverse ETL 的介紹。

- What is Reverse ETL? Here's everything you need to know in 2024： Reverse ETL 工具 Census 的介紹文章。

8-2 資料建模（Data Modeling）的概念以及常見的類型

在 8-1 提過，dbt 產出到 BI 的資料，有不同的做法。要將 BI 需要的資料合在同一個資料表？或是拆多張資料表，BI 中再做關聯？要如何設計這些資料表、每個資料表分別包含哪些欄位？這就是本節要討論的主題「資料建模」（Data Modeling）。

若採用多張 table 的作法，一個很常見的做法是「star schema」；如果希望用一個 table 解決，則是大家常說的「one big table」（大表）方法，當然還有很多其他的方式及考量，本節將會一一說明。而在開始之前，需要先知道什麼是 fact table 及 dimension table。

Fact Table（事實表）和 Dimension Table（維度表）

什麼是 Fact Table（事實表）

Fact table 存放的是商業活動或事件相關的資料，例如：

- **銷售訂單**：每筆訂單是一列資料，包含了訂單編號、銷售日期、銷售數量、銷售金額…等等。

- **銷售訂單明細**：每筆訂單會有多列資料，每列資料是一個商品，欄位包含訂單編號、商品編號、銷售數量、銷售金額…等等。

什麼是 Dimension Table（維度表）

Dimension Table 存放的是描述性的屬性，例如：

- **產品維度**：包含產品編號、商品名稱、條碼、產品分類、品牌、材積…等等。

- **顧客維度**：包含顧客編號、顧客名稱、電話、地址、email、會員等級…等等。

Fact table 紀錄的是「發生什麼事」，通常包含可量化的數值欄位，且資料量隨著時間所增長。Dimension table 紀錄的則是維度的各個屬性，通常在分析時，fact table 會需要跟多個 dimension table 搭配使用，例如：想知道每個會員等級的總銷售金額，就要將「銷售訂單」和「顧客維度」透過「顧客編號」關聯，才能計算出來，如圖 8-2。

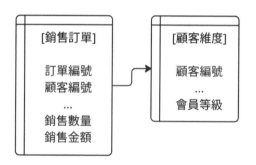

圖 8-2　銷售訂單和顧客維度關聯

Star Schema（星型模式）以及 One Big Table（大表）兩種設計的考量

Star Schema（星型模式）

在 BI 關聯多張資料表時，若使用一個或多個 fact table 為中心，和多個 dimension table 關聯，由於這樣會形成一個類似星狀的關聯圖，這種做法被命名為「star schema」。

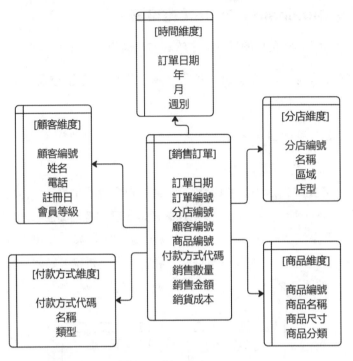

圖 8-3　Star Schema

OBT（One Big Table，大表）

如果覺得在每個 BI 報表都需要載入多個資料表再拉關聯很麻煩，當然也可以在預先在 SQL 資料庫中，把需要的屬性都從 dimension table 綁到 fact table 上面，這樣在 BI 只要選取一個 table，也不需要定義關聯，這種做法稱作為「OBT」也就是「one big table」（大表）或是「wide format」（寬表）。

訂單編號	訂單日期	商品名稱	銷售數量	銷售金額	銷貨成本	付款名稱	付款類型	會員等級	商品分類	分店區域	分店類型
001	2024-01-01	酸辣湯	1	70	34	街口	刷卡	A	湯品	北區	直營
001	2024-01-01	招牌小籠包	1	150	78	街口	電支	A	麵點	北區	直營
003	2024-01-01	絲瓜蒸餃	2	360	180	現金	現金	B	麵點	北區	直營

📦 Star Schema 以及 OBT 優缺點比較

一般而言，OBT 可以讓一般使用者更容易實踐自助式 BI，他們只需要選取單一資料表，就可以開始在 BI 拉報表及圖表，而不需要事先理解多個資料表之間如何建立關聯。這種方式適合規模較小的團隊、報表量不多的情境。

另一方面，雖然 star schema 的做法，要在 BI 建立分析報表前，每次都需要選取多個資料表，且定義關聯，但這樣的作法可以避免 OBT 載入多餘的資料量。在挑選欄位時，在大部份的 BI，欄位都會依照來源資料表排序，分成不同資料表可以更快找到需要的欄位。

此外，star schema 適合資料分析的中後期，需求較複雜、維度資料表異動頻繁的狀況。可以想像一個情境，在 dbt 中有一個商品維度表，運用在許多分析報表上。如果商品維度表新增了一個欄位，採用 OBT 的話，需要在所有資料表加上新增的欄位。如果採用 star schema 的話，只要在 BI 更新資料，就能直接看到商品維度表新增的欄位。

▌另一種大表：Long Format、Tall Format（長表）

另外要介紹一種「長表」，適合的情境：資料包含多種量值，但不希望避免頻繁異動資料表結構，在特定的 BI 或分析工具特別適合這種格式。但要注意這種窄而長的表，相較寬表來説，資料列數會較多。資料載入的速度通常會和資料的列數有關，因此需要多留意速度。

商品編號	報表日期	量值	數量	金額
A001	2024-01-01	庫存	501	6018
A001	2024-01-01	售出	87	2170
A001	2024-01-01	預購	3	78
A001	2024-01-01	調撥	1	15
A001	2024-01-01	過剩庫存	20	230
A001	2024-01-01	預估銷售	79	1880
A002	2024-01-01	庫存	201	5429
A002	2024-01-01	售出	300	13245

資料倉儲設計的流程以及發展歷史

說了這麼多，如果要從零開始建立一個新的資料倉儲系統，該從何開始呢？回到 1980 年代，當時 OLTP 系統發展得還算成熟，但 OLAP 系統則還在萌芽中，對於如何建構出一個分析導向的資料庫系統，當時還沒有一個系統性的解決方案。直到 1990 年代，Inmon 和 Kimball 先後出版了有關資料倉儲的著作，才奠定了資料倉儲的基礎。

Inmon 方法

1992 年 Bill Inmon 出版了著作《Building the Data Warehouse》，這本書在資料倉儲發展史上具有重大意義，也使他贏得了「資料倉儲之父」的稱號。他主張資料倉儲的建構應該採取自上而下（Top-Down）的順序，首先從企業的各個系統資料源開始，建構一個正規化、準確且一致性的資料倉儲，然後再從中開發出符合特定業務需求的 Data Marts。

Kimball 方法

1996 年，Ralph Kimball 在《The Data Warehouse Toolkit》一書中出了另一種觀點。他主張以業務需求為導向，先定義數據集市層，再建構資料倉儲。此外，他推廣的是「維度建模」（dimensional data modeling）以及「star schema」（星形模式）。相較於 Inmon 對資料正規化、準確性和一致性的重視，Kimball 更加強調資料的易用性和業務需求導向。

Data Vault（資料金庫）

在實務上，時常有更複雜的資料倉儲場景，為了因應大型企業、資料來源複雜且資料團隊龐大的系統，Dan Linstedt 在 2000 年首次提出了 Data Vault 的設計，更在 2013 年發表新版本的設計「Data Vault 2.0」，在 Ch9 將有更多介紹以及實作案例。

https://github.com/dbt-local-taipei/dbt-book-01/blob/main/
chapter-08/08-02-01_resources.md

- Understand star schema and the importance for Power BI：Power BI 官方文件 star schema 的介紹。

- Dimensional modeling：dbt 官方參考資料，對於維度建模的概念解釋。

- Building a Kimball dimensional model with dbt：dbt 官方部落格，示範 使用 dbt 資料建模的完整步驟。

8-3 dbt 專案架構及命名原則

　　透過前兩節的討論，相信你對 dbt 產出的資料該如何應用，已經有了一些概 念。8-2 談的是 dbt 轉換資料後產出的結果，該如何做資料建模；本節要談的則 是資料轉換過程的資料建模：在 dbt 從上游到下游，model 該如何切、如何分資 料夾，以及資料夾、model、欄位該如何命名。本節將依據官方建議及我們的經 驗，介紹有哪些考量的重點。

 注意

隨著 dbt 產品的發展和社群的討論，官方文件隨時會有新的調整、補充。如 果可以的話，建議你多參考最新版的官方文件以及社群的討論，本節最後的 線上資源將會附上官方文件。

Models 的三層架構：staging-intermediate-marts

官方文件建議把 models 分為三層架構，從上游到下游分別為 staging-intermediate-marts。

「Staging」是唯一和資料源的連接層，「Intermediate」為邏輯轉換層，「Marts」集市層則是唯一一層會輸出到 BI 或外部系統讓資料消費者使用的，Staging 和 Intermediate 則不會讓資料消費者看到。範例資料夾結構如下：

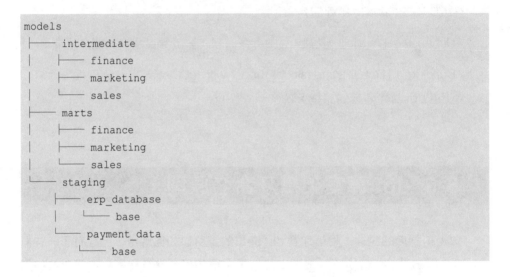

```
models
├── intermediate
│   ├── finance
│   ├── marketing
│   └── sales
├── marts
│   ├── finance
│   ├── marketing
│   └── sales
└── staging
    ├── erp_database
    │   └── base
    └── payment_data
        └── base
```

- **Staging**：面向資料源

  - 和資料源 1 對 1 的連結，一個來源 table 對應到一個 staging model。

  - 只做最基本的處理，例如：型別轉換，或用 case when 加欄位。

  - 原則上不做 join 或 union、group by 等處理。

  - 實體化成 view。

  - 其他考量：有些情況需要先做 join 或 union 才能做 staging 層的轉換，這時候可以在 staging 底下多加一層 base。例如：跨國電商在 Shopify 有多個商店，從資料源抓取的訂單檔為分開的資料表，但欄位和架構類似。這時候會希望先 union 在一起，後續處理時，相同的邏輯只要寫一次就好。

- **Intermediate**：介於 staging 和 marts 中間的轉換層
  - 在 marts 之前的準備工作，不需要讓終端使用者看到的處理，都放在這一層。
  - 可以開始做 join、union、group by 等的處理。
  - 通常會實體化成 view，但如果有效能考量，也可以實體化成 table 或 incremental。
- **Marts**：面向商業邏輯及終端使用者
  - 通常會實體化成 table，避免每次被終端使用者取用資料時都要重新運算，較花時間及運算資源。

資料夾拆分原則

- **Staging**：與資料源對齊，將同一個 source 放在同一個資料夾。這是由於不同的系統資料性質不同、更新頻率可能也不同，因此將同一個系統放在同一個資料夾會更方便管理。
- **Intermediate**：這一層為 staging 逐漸轉換到 marts 的過渡，資料夾可以依據商業邏輯，例如：訂單、流量、商品、帳務拆分，或是也可以依照 staging 的 source 區分。
- **Marts**：依照商業邏輯或使用的對象（部門別）區分，例如：marketing、sales、finance。

Model 命名原則

- 大原則
  - 使用 snake_case 也就是全小寫，用下底線分隔。
  - 避免過度使用縮寫，例如：使用「google_analytics_xxxx」而非「ga_xxxx」。
  - 適時使用雙下底線幫助斷句，例如：「google_analytics__traffic」。

- 可數名詞記得加上複數，例如：「orders」、「products」，而非「order」、「product」。

- **Staging**：stg_[source]__[entity]s，例如：「stg_shopify__orders」。

- **Intermediate**：int_[entity]s_[verb]sl，例如：「int_orders_joined_with_exchange _rates」。

  - 也可以考慮保留 staging 的 source 名稱，例如：「int_shopify__orders_ joined_with_exchange_rates」。

- **Marts**：使用商業溝通習慣的詞彙，應清晰簡潔，例如：「orders」。

  - 有些人會習慣加上「dim_」或「fct_」的前綴，例如：「dim_products」 及「fct_orders」。如果團隊習慣依前綴區分 dimension 和 fact 的話，這 種做法的確是一個選擇；但如果大部分的成員無此習慣，則加上了多餘 的資訊，只會降低 model 名稱的可讀性，那就不建議。

dbt Data Modeling 的考量

在你閱讀完本書及官方和社群的建議後，可以好好想一想，如何制定出最適 用於你和團隊的作法。可能會納入考量的有以下幾點：

- 開發及維護的考量

  - 語法的可讀性及維護性：如何拆分及命名 model 和欄位，讓邏輯容易看 懂及方便維護。

  - 資源重複運用：同樣的邏輯可以寫一次，重複引用在多處。

- 佈署及維運的考量

  - 效能：資料多久更新一次、每次跑 dbt build 需要花多少時間、資料被終 端使用者取用的時候，需要花多久時間。

  - 運算資源：延續上一點，除了考量花費的時間之外，也要考慮運算資 源，例如：BigQuery 的帳單。

  - 監控：如何正確拆分 model，當錯誤訊息發生時，可以較容易抓出問題。

- Test 及資料檢核：如何以 model 為單位檢查資料以及設計 test，把關資料品質。

資料專案依規模、資料複雜度，每個團隊的狀況有很大差異。dbt 的官方指南只算是個起點，還有多複雜的情況沒有討論到。若你的專案牽涉大量資料源，且開發團隊為中大型的規模，那你或許需要運用更嚴謹的資料倉儲設計，請參考 Ch9 介紹的 Data Vault（資料金庫）。

線上資源

https://github.com/dbt-local-taipei/dbt-book-01/blob/main/chapter-08/08-03-01_resources.md

- How we structure our dbt projects：官方 Staging-Intermediate-Marts 三層架構指南，包含如下四個子頁面。

  - Staging: Preparing our atomic building blocks

  - Intermediate: Purpose-built transformation steps

  - Marts: Business-defined entities

  - The rest of the project

- Data modeling techniques for more modularity：作者用沙拉吧的例子比喻 Staging-Intermediate-Marts 的三層架構，由原始食材一步一步加工到一份完整的沙拉。這篇是改寫自一個 2020 年的 Colaesce 的演講，雖然不完全符合官方建議，但推薦大家可以讀讀看，換一個角度看事情。

- 2023 6 月 Taipei dbt Meetup 有講者 JF 分享過 dbt Guide，介紹導入時的 data modeling 建議：

  - 錄影

  - dbt Guide 文章

8-4 dbt_project_evaluator：自動檢查專案品質

　　8-3 談了一些 dbt 官方對於專案架構的一些建議，本節要介紹一個由 dbt 官方提供的好用套件：dbt_project_evaluator，這個套件可以檢查你的 model 是否符合官方建議、有哪些地方需要調整。這個套件是許多前人的經驗累積，也許一開始會覺得檢查項目非常多，不覺得要完全遵守、也不一定所有規範都適合你的團隊。然而，在初期導入時，這會是一個很好的參考，讓你能討論及思考：為什麼會有這個規範？如果不這樣做，後面會遇到哪些問題？提前應對，就可以省去中後期遇到問題時，再安排時間處理的麻煩。接下來的説明皆依據 0.13 版本的官方文件，建議你隨時參考最新的版本，連結將附在本節的線上資源中。

dbt_project_evaluator 支援的資料平台

　　請注意並非所有資料平台都能使用，有支援的資料平台為：

- BigQuery

- Databricks/Spark

- PostgreSQL

- Redshift

- Snowflake

- DuckDB

- Trino (tested with Iceberg connector)

- AWS Athena (tested manually)

▌如何安裝套件 dbt_project_evaluator

和一般套件的安裝辦法相同，如同 6-4 的介紹。請先將 dbt_project_evaluator 加入 packages.yml，再執行指令 `dbt deps` 即可。Package 資訊以及最新版本請參考官方文件。

圖 8-4　安裝 dbt_project_evaluator

▌如何使用 dbt_project_evaluator 檢查專案

還記得 6-4 介紹過，dbt package 本質上就是一個 dbt 專案嗎？一個 dbt Package 會有自己的資料夾結構，也像範例專案 jaffle shop 一樣，可能會有自己的 model、macro 及 test。dbt_project_evaluator 也是相同，透過一層一層的 model 以及 test，檢查專案是否符合預先定義的規範。請執行以下指令，build 所有 dbt_project_evaluator 底下的 model。

```
dbt build --select package:dbt_project_evaluator
```

執行完成後，可以看到如圖 8-5 中有一些 warning，代表沒有通過 dbt_project_evaluator 的項目，稍後會再說明該如何處理。

All	78	Pass	67	Warn	11	Error	0	Skip	0	Running	0

>	ⓘ is_empty_fct_model_naming_conventions_	1.34s
>	ⓘ valid_documentation_coverage	1.22s
>	ⓘ is_empty_fct_source_directories_	0.91s
>	ⓘ is_empty_fct_sources_without_freshness_	1.07s
>	ⓘ is_empty_fct_undocumented_models_	0.88s
>	ⓘ is_empty_fct_undocumented_sources_	1.16s
>	ⓘ is_empty_fct_undocumented_source_tables_	0.89s
>	ⓘ valid_test_coverage	1.73s
>	ⓘ is_empty_fct_missing_primary_key_tests_	1.66s
>	ⓘ is_empty_fct_model_directories_	1.10s
>	ⓘ is_empty_fct_root_models_	1.05s

圖 8-5　dbt_project_evaluator 檢查結果

> 📝 **注意**
>
> 一旦安裝了 dbt_project_evaluator，執行指令 `dbt build` 執行所有 model
> 時，也會連同 dbt_project_evaluator 一起執行。如果不想要一起執行的
> 話，可以使用 `--exclude` 排除：`dbt build --exclude package:dbt_`
> `project_evaluator`

跳出警告，該如何檢查及處理？

執行結果的每個警告，都是一個不符合規範的項目。你可以依以下步驟，逐
一檢查每一個項目：

1. 找到對應的檢查項目以及官方文件。

2. 查詢對應的 fact table，找出哪些 model 不符合規範。

3. 修改這些 model 使其符合規範，或是調整客製化設定。

舉例來說，圖 8-5 其中的一個警告是「is_empty_fct_undocumented_models_」，依據官方文件可以找到的對應檢查項目是「Undocumented Models」，對應的 fact table 是「fct_undocumented_models」。查詢 fact table 的結果如圖 8-6，列出了哪些 model 沒有包含文件。若要通過這個檢查項目，就必須為這些 model 新增文件。

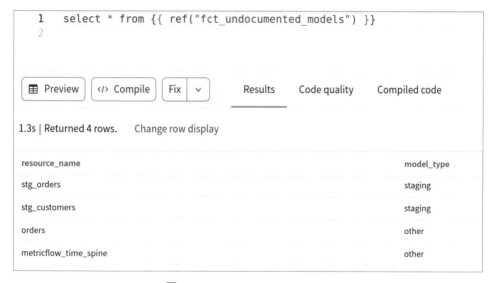

圖 8-6　Undocumented Models

另外一個警告是「valid_documentation_coverage」，依據官方文件可以找到對應的檢查項目是「Documentation Coverage」，對應的 fact table 是「fct_documentation_coverage」。查詢這個 fact table 的結果如圖 8-7，可以看到專案中總共有 7 個 model，但是只有 3 個 model 有包含文件，覆蓋率為 42.86%。要通過這個除了為所有 model 新增文件，也可以自訂覆蓋率的標準，將在本節的最後說明。

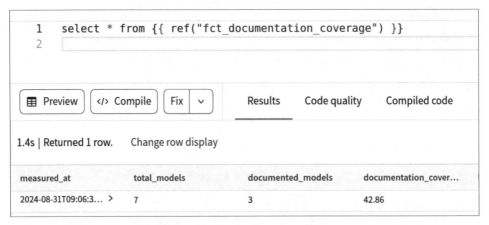

圖 8-7　Documentation Coverage

dbt_project_evaluator 檢查的項目

官方文件將檢查的項目分為六大類：

1. Modeling

2. Testing

3. Documentation

4. Structure

5. Performance

6. Governance

接下來將說明每個分類有哪些檢查項目。

Modeling

這個分類和 data modeling 相關，例如：每一個 source 都要先建 staging model 再做後續使用，且 source 和 staging 為 1:1 的關係。如果 intermediate 或 marts 直接使用到 source，或是一個 staging 同時用到兩個以上的 source，就無法通過檢查。

檢查項目	Fact Table
Staging Models Dependent on Other Staging Models	fct_staging_dependent_on_staging
Source Fanout	fct_source_fanout
Rejoining of Upstream Concepts	fct_rejoining_of_upstream_concepts
Model Fanout	fct_model_fanout
Downstream Models Dependent on Source	fct_marts_or_intermediate_dependent_on_source
Direct Join to Source	fct_direct_join_to_source
Duplicate Sources	fct_duplicate_sources
Hard Coded References	fct_hard_coded_references
Multiple Sources Joined	fct_multiple_sources_joined
Root Models	fct_root_models
Staging Models Dependent on Downstream Models	fct_staging_dependent_on_marts_or_intermediate
Unused Sources	fct_unused_sources
Models with Too Many Joins	fct_too_many_joins

Testing

檢查每個 model 都要做 primary key test，例如：特定欄位必須為 not null 且 unique、或是特定一組欄位不能重複。

檢查項目	Fact Table
Missing Primary Key Tests	fct_missing_primary_key_tests
Test Coverage	fct_test_coverage

🗄 Documentation

檢查多少 model 和 source 有包含文件、包含文件的 model 比例有多少，官方建議每個 model 和 source 都需要有文件。

檢查項目	Fact Table
Undocumented Models	fct_undocumented_models
Documentation Coverage	fct_documentation_coverage
Undocumented Source Tables	fct_undocumented_source_tables
Undocumented Sources	fct_undocumented_sources

🗄 Structure

檢查 model 名稱是否遵循命名原則，例如：intermediate 資料夾底下的 model，是否有正確加上 int_ 的前綴、staging 底下的 model，是否有正確加上 `stg_` 的前綴。

檢查項目	Fact Table
Test Directories	fct_test_directories
Model Naming Conventions	fct_model_naming_conventions
Source Directories	fct_source_directories
Model Directories	fct_model_directories

🗄 Performance

這個分類檢查的項目和效能相關，例如：「Exposure Parents Materializations」檢查的是 exposure 用到的 model，應該都要實體化成 table 或 incremental，不能是 view 或是直接使用 source。「Chained View Dependencies」則是檢查有沒有一連串互相參照的 model，實體化的方式皆為 view 或 ephemerals，可能會造成效能瓶頸。

檢查項目	Fact Table
Chained View Dependencies	fct_chained_views_dependencies
Exposure Parents Materializations	fct_exposure_parents_materializations

🗄 Governance

這個分類檢查的檢查項目較為進階，與 dbt Cloud 多個專案之間的 model access 相關：

檢查項目	Fact Table
Public Models Without Contracts	fct_public_models_without_contracts
Exposures Dependent on Private Models	fct_exposures_dependent_on_private_models
Undocumented Public Models	fct_undocumented_public_models

▌設定客製化變數

dbt_project_evaluator 的部份檢查項目，可以設定客製化變數。例如：稍早提到過的「Documentation Coverage」預設的標準為 100%，也就是每個 model 都一定要搭配文件。如果想針對需求調整，例如：想要將覆蓋率的標準調整為 30%，可以在 dbt_project.yml 設定變數，如圖 8-8。調整後再跑一次 dbt_project_ 的檢查，結果為成功，如圖 8-9。

圖 8-8 在 dbt_project.yml 設定變數

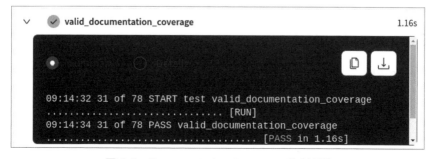

圖 8-9 Documentation Coverage 成功結果

8-5　dbt Cloud 的進階功能：dbt Semantic Layer

在 8-1 時討論過，在 BI 運用 dbt 產出的資料，會遇到一些挑戰。最主要是聚合型態的指標沒有辦法在 dbt 預先計算，必須在 BI 層定義，但 BI 層卻不像 dbt，包含測試、版控，且方便協作的工作流程。為了解決這個問題，dbt 推出了「dbt Semantic Layer」的功能，可以處理聚合指標的計算，如此一來就能將指標的定義集中在 dbt 專案。

dbt Semantic Layer：將指標的計算從 BI 層拉回 dbt

接下來舉一個簡單的例子，使用 customers 以及 orders 的 marts model，先在 YAML 中分別定義 semantic models，再定義 metrics。

Semantic Models

原本在 model 中，每個欄位的區別就只有：

- 不同的資料型態（日期、數值、文字等等）。

- 有些欄位為 unique key，透過 test 的定義，規範不得重複。

透過 semantic model 的定義，又更進一步將欄位分類，賦予欄位了另外一層的意義：

- 哪些欄位屬於 **entities**，例如：customer model 的顧客編號、orders model 的訂單編號。

- 哪些欄位屬於 **dimensions**，例如：顧客名稱、商品名稱。

- 哪些欄位屬於 **measures**，例如：訂購金額、訂購數量。

有了 semantic model 的定義，dbt Semantic Layer 就能依據這些定義，處理欄位的 join 以及聚合。

🗄 Semantic model：customers

```
semantic_models:
 - name: customers
   model: ref('customers')
   entities:
     - name: customer_id
       type: primary
   dimensions:
     - name: first_name
       type: categorical
     - name: last_name
       type: categorical
```

🗄 Semantic model：orders

```
semantic_models:
 - name: orders
   defaults:
     agg_time_dimension: order_date
   model: ref('orders')
   entities:
     - name: id
       type: primary
     - name: user_id
```

```
    type: foreign
dimensions:
  - name: status
    type: categorical
  - name: order_date
    type: time
    type_params:
      time_granularity: day
measures:
  - name: order_count
    expr: 1
    agg: sum
```

Metrics

　　建立完 semantic model 之後，就可以定義 metrics。以下範例為 simple 型態，直接取用 semantic 的 measure，未做額外的運算。

```
metrics:
 - name: "order_count"
   description: "Sum of orders value"
   label: "order_count"
   type: simple
   type_params:
     measure:
       name: order_count
```

　　除了 simple 之外還有支援許多常見的運算，例如：

● **ratio 型態**：可以將兩個聚合過後的 metrics 相除，例如：銷售金額 / 銷售數量 = 平均銷售單價。

● **cumulative 型態**：可以依日期區間加總，例如：過去 7 天的銷售金額。

　　細節請參考本節附上的線上資源。

dbt Semantic Layer 的下游應用

目前 dbt Semantic Layer 僅提供給 dbt Cloud Team 或 Enterprise 方案使用，可以自行透過 API 串接，或直接使用有支援 dbt Semantic Layer 的平台，例如：Tableau、Google Sheets、Lightdash、Mode Analytics，最新的列表請參考官方文件，網址附在線上資源。在這些 BI 或分析工具中，就可以直接使用 dbt 專案中定義的 metrics。如果你有使用 dbt Cloud 的付費方案，且使用的 BI 或分析工具有支援 dbt Semantic Layer 的話，不妨試試看。

線上資源

https://github.com/dbt-local-taipei/dbt-book-01/blob/main/
chapter-08/08-05-01_resources.md

- dbt Semantic Layer：官方文件對於 semantic layer 的概念介紹。

- Build your metrics：如何建構 semantic model 及 metrics 的操作說明。

- Available integrations：支援 dbt semantic layer 的 BI 及分析工具。

- Why we need a universal semantic layer：官方部落格文章，說明當初為何推出 semantic layer 的來龍去脈。

本章小結

本章介紹的概念涵蓋了許多領域，如果無法完全吸收，也不要擔心，如果有興趣深入了解的話，可以多參考線上資源。下一章將示範如何在 dbt 實作 data vault（資料金庫），適合中大型企業、資料架構複雜的使用情境。

Note

進階資料建模實用案例：
用 dbt 實作 Data Vault

● 9-1 Data Vault 介紹與概念

▌簡介

Data Vault（資料金庫，簡稱 DV）是一種進階的資料建模技巧，主要用於大規模團隊，具高擴展性（Scalability）的資料倉儲。DV 2.0 是原作者在 2013 年翻新與優化過的版本，主要是因應數據處理上的一些新的最佳實踐（Best Practice）而更新。一般來說新的專案不會再使用 DV 1.0，本章就直接用 2.0 說明。

Data Vault 顧名思義，就像一個資料的大金庫，所有進來的資料都被整理到一個個小保險箱裡，各個團隊有需要時可以從金庫裡來提取。DV 的設計上採用的是高重用性（reusability）與模組化（modularity）的資料建模方式，再加上資料源的集中管理，實現高擴展性的資料倉儲系統。

相對於 8-2 提到的其他常見的建模方法類型，DV 在設計和運用會有較嚴格的規定，實作的方式也會比較複雜。大致上來說適用於以下情境：

- 大量資料源（50 ～ 100 資料源庫、100 ～ 1000 源表）。

- 多數開發人員（超過 20 個人同時協作）。

- 資料源包含新舊版本資料（例如：從舊的 ERP 換到新的 ERP）。

如果你的資料倉儲專案沒有符合以上條件，可能直接套用比較簡單的 Kimball 方法會更適合。

📋 **分享**

發明者 Daniel Linstedt 與 Michael Olschimke 的原作，對 DV 2.0 有興趣的朋友可以參考。

《Building a Scalable Data Warehouse with Data Vault 2.0》

https://www.amazon.com/Building-Scalable-Data-Warehouse-Vault/dp/0128025107

▌輪輻式模型實體（Entity）

為了實現資料模型上的重用性與模組化，DV 模型設計主要是以商務鍵[1]（Business Key）為中心的輪輻式模型（Hub-and-Spoke Model），由三種基本的實體組成：

- **中心表（Hubs）**：這一類的資料表儲存的是業務實體的 metadata，包含唯一商務鍵（Unique Business Key）、常用的業務實體維度（Mapping Dimensions）、資料來源、載入時間等。

- **鏈接表（Links）**：鍵與鍵之間關係的資料表，可以實現一對一（1-to-1）、多對多 (n-to-n) 的各種業務實體的關係。

- **衛星表（Satellite）**：儲存各種商業事實（Business Facts）的資料表。透過唯一業務鍵將衛星表和中心表連接，可以擴充對商業事實的描述。

📋 **分享**

在軟體工程領域，實體（Entity）指的是系統中可以獨立存在，且具有獨特識別特徵的實際或抽象的事物。實體通常用於描述系統中的數據結構，並且可以具有屬性和行為。透過定義實體，軟體工程師能夠將現實世界中的複雜問題，抽象化為可管理和操作的軟體模型，從而更有效地設計和開發軟體系統。參考領域驅動設計（Domain Driven Design）的發明人 Eric Evans 對實體的定義：

An Entity is an object defined not by its attributes, but a thread of continuity and identity, which spans the life of a system and can extend beyond it.

1　簡單來說，商務鍵是可以簡單對應一個實體的辨識鍵，譬如身分證來辨識公民、員工編號來辨識員工等。在資料模型的定義裡，理想的商務鍵必須是唯一的（兩個實體不會有同一個商務鍵的值）、強制的（不會有空值）和不可變的（不會隨著時間而變動）。

實體是一個不是由屬性所定義的物件。它表示了一條有連續性的身份標示線，這條線橫跨了系統的生命週期甚至更長。[2]

我們可以看出來，這些實體可以是現實世界中的物件或概念（例如：人、地點、物品）而會搭配相對的身分標誌來做辨識。但重要的不是對一個物件的追蹤，而是對這個物件在生命週期裡的各種改變。

資料建模中 DV 的定位

在三層架構追加概念分層

從設計角度來看，稍微複習一下 8-3 提到的三層架構：

- **Staging**：代表資料複寫管道（Data Replication Pipeline）處理完後的原始資料，是格式上最接近源頭營運系統（Operational System）的資料，結構也會沿用原系統的設計邏輯。

- **Intermediate**：在 marts 之前的準備工作，不需要讓終端使用者看到的處理，都放在這一層。

- **Marts**：處理完也包含了業務邏輯的資料，資料的設計也會按照用戶需要整理成不同的商務邏輯。

從這個資料夾結構上可以看出來，在一般標準架構裡，intermediate 只需要沿用 staging 的設計，不需要做太多實體合併、拆分的處理。然而，在相對複雜的情況中，為了更清楚的區分資料處理概念，除了原本的三層，底下會再多細分一個概念分層：

- Staging/Raw（原始資料層）

---

2 譯文出自：https://ithelp.ithome.com.tw/articles/10223150 對領域驅動設計或實體概念有興趣的朋友可以參考！

- ■ 資料源

- ■ 暫存資料

- Intermediate（整合層）

  - ■ 準備層

  - ■ DV 層

- Marts

本章將專注在 intermediate 層實作 DV

通常談到資料倉儲和資料建模的時候，如同 8-1 和 8-2 的介紹，大家第一個聯想到的是 marts 的資料設計。雖然在少數情況下，DV 也可以在 marts 實作，但是最能體現 DV 設計優勢的還是 intermediate。這是因為在複雜性高的環境內，除了調整格式、排錯、刪除重複資料以外，intermediate 也需要做到資料合併（Data Merging）與連接的相關處理。相對的，如果用在 marts 的話，DV 多鏈接的設計會變得非常不方便。如果想要做個簡單的屬性查詢，也要用到多層的 SQL join，可想而知資料使用者的體驗一定很差。

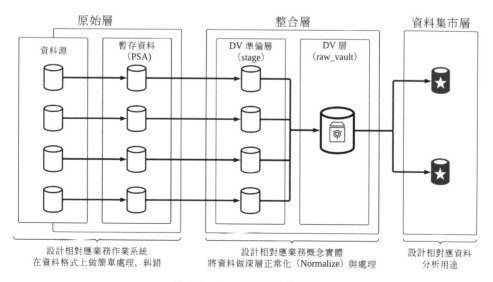

圖 9-1　Data Vault 資料分層

設計案例：Dava Vault 的三種實體

用一個簡單的商業系統來做參考，假設一個公司的基本業務只包含三個實體：客戶、訂單、付款紀錄。

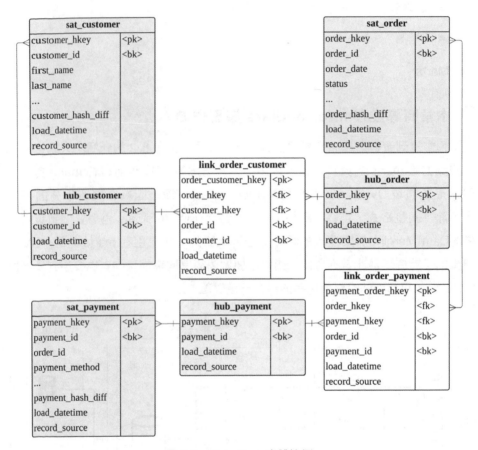

圖 9-2　Data Vault 實體簡例

在以上的參考設計裡，可以看到幾個不同的實體：

- 中心表：

  - hub_customer

  - hub_order

  - hub_payment

- 鏈接表：
  - link_order_customer
  - link_order_payment
- 衛星表：
  - sat_payment
  - sat_customer
  - sat_order

在設計上可以看出來，中心表主要儲存業務實體的 metadata，業務實體的各種資料則是存在對應的衛星表上。中心表與衛星表之間的關係則可以使用連結表來作關聯：訂單 <> 客戶、訂單 <> 付款紀錄。

習慣一般 Kimball 資料建模的人，乍看之下可能會覺得這個設計有點冗長且過於複雜，甚至有點過度設計（over-engineered）。特別是各種衛星表，感覺特別沒必要。如果本身和業務實體就是一對一，為什麼不直接放在代表業務主要實體的中心表上呢？

其實還是建議先從簡單資料倉儲模型開始建起。DV 的主要用途是為了可以用同樣的資料模組與抽象資料模型（abstract data model）來實現所有多對多（衛星 <> 中心，中心 <> 中心）的業務關係，並考量到資料源與載入時間上的複雜性，有這個需要的團隊才需要考慮 DV。

而且實務上，資料模型不會與抽象模型一樣直接，需要做更多的考量。

▌設計案例：跨系統的資料整併

假設公司有兩個與客戶資料相關的系統 A、B。系統 A 是客服系統，儲存各種客戶關係管理（Customer Relationship Management）的資料。系統 B 是收費系統，維護客戶付款紀錄與收入計費的資料。

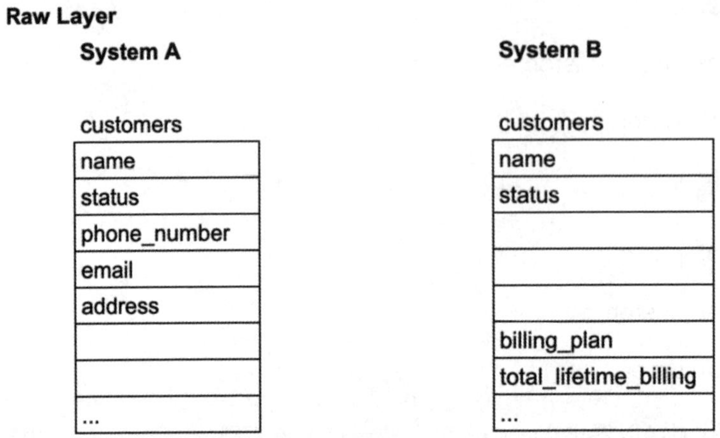

Raw Layer

System A		System B

customers (System A)

name
status
phone_number
email
address
...

customers (System B)

name
status
billing_plan
total_lifetime_billing
...

圖 9-3　資料源案例：Raw Layer

　　最簡單的狀況是，兩個系統之間，每筆資料資料為一對一的關係，且屬性完全沒有重複。這種單純的狀況，在整合層只要用一個表，就可以完成資料合併。

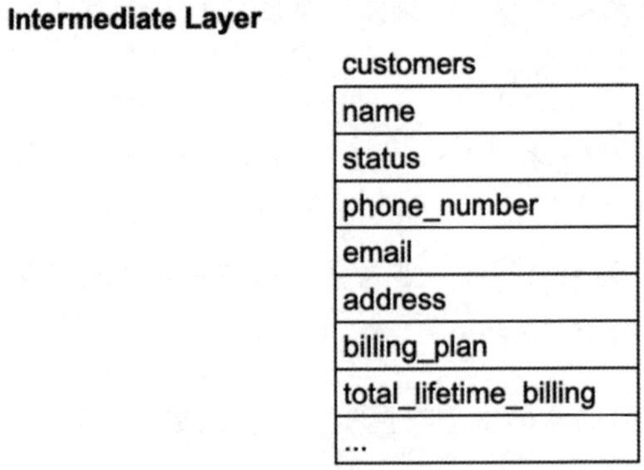

Intermediate Layer

customers

name
status
phone_number
email
address
billing_plan
total_lifetime_billing
...

圖 9-4　資料源案例：Intermediate Layer

　　但實務上通常情況不會這麼單純，想像兩個系統間，同樣是客戶資料，有許多重複的屬性，而且同樣的資料也不一定會同步，每筆資料也不是一對一且同等的呢？

一個做法是用前綴（Prefix）的方式硬是將兩個對應資料合併起來，譬如 system_a_name、system_b_name，但當屬性或者來源資料表變多的時候，你的欄位名稱就會變得非常複雜。

另外一個辦法是直接在整合層加入某種程度的業務邏輯，直接取兩個系統中的其中一個值，例如：`coalesce(a.name, b.name)`。這個雖然講起來很簡單），但實務上可能會遇到其他問題。譬如說，在整合層你決定以系統 A 為主，然後 marts 直接沿用，但有一天，如果有使用者想要看到系統 B 的資料，那你就會需要特地為了這列資料新開一個管道，把資料從原始層帶到 Marts。這樣下去，很容易會把你的整合層搞得很亂。

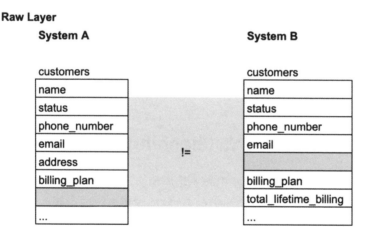

圖 9-5　資料源案例：Raw Layer 兩個資料表結構不同

這個情況下，使用 DV 的設計就顯得變得非常方便。以客戶這個實體為中心表（hub_customers）再加入對應兩個系統的衛星表（sat_customers_a、sat_customers_b），就可以在整合層內保有所有的資訊，但同時能簡化實體解析與資料的對照與提取。另外，由於使用統一 DV 設計的標準化，基本的簡單資料清理與品質測試生成都可以自動化。

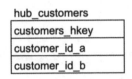

Intermediate Layer

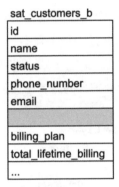

hub_customers
customers_hkey
customer_id_a
customer_id_b

sat_customers_a
id
name
status
phone_number
email
address
billing_plan
...

sat_customers_b
id
name
status
phone_number
email
billing_plan
total_lifetime_billing
...

圖 9-6　資料源案例：Intermediate Layer

DV2.0 與散列演算法（hashing algorithm）

散列演算法（hashing algorithm）是一種快速壓縮資訊的辦法，將任意字串透過一個特定演算法，就能轉換成較短的隨機字符串，而這個演算法計算出來的字符串就叫做散列值（hash value）。

 資訊

所有散列函數都有如下一個基本特性：如果兩個散列值是不相同的（根據同一函數），那麼這兩個散列值的原始輸入也是不相同的。

出自維基百科

基於這個特性，DV2.0 主要的一個改進，就是在需要比對資料的時候，將所有的輸入列先使用演算法變成散列值，後續就可以使用散列值來比對差異。接下來將說明有關散列鍵（hash keys）和 hash difference（散列差 /hash diff）的兩個重要用法：

將各個表的商務鍵（business keys）轉換成散列鍵（hash keys）

以最單純的情況來說，商務鍵可能等同於某個資料表的唯一鍵，例如：產品表中的「產品序列號」。但在實務上，唯一鍵可能要用到多個欄位，例如：「產品序列號」加上「產出日期」。

在關聯多個資料表時，一般來說會使用複合鍵（composite key）或者是多條件關聯（multi-conditional join），但這可能會導致運算速度較慢、耗費更多儲存空間，並且可能會引入意外的邊緣情況（edge case）。如果使用散列演算法，就可以將複合鍵換算成一個固定長度的欄位，來唯一辨識一個實體，比較不會遇到效能瓶頸。

使用 hash difference（散列差 /hash diff）來比對衛星表（satellite tables）內的描述性資料

衛星表是一種簡單實現 CDC（Change Data Capture，異動資料擷取）功能的辦法，如果你的資料源沒有實現這類功能的話，唯一的做法就是在每一次執行資料管道時，與最後一次上傳的原始資料與新加入的資料做比對。如果原資料很「寬」的話，將會耗費很高的計算成本。

和散列鍵的做法類似，我們也可以將衛星表中，所有描述性的資料都透過散列演算法，處理成一個 hash difference 的欄位，下一次處理資料只要比對兩個散列值，就能得知是否有差異。在圖 9-7 的案例可以看到，行 3 與 4 的資料雖然日期不同，但實際資料是沒有變動，而兩行的散列值（HASH_DIFF）也是一樣的。

DATE	CUSTOMER_ID	CUSTOMER_SEGME	HASH_DIFF
2024-10-08	1	HIGH_SPENDER	a4779c68d5e992de107df49cdcdb8b0b
2024-10-09	1	MID_SPENDER	4e3b389dd4be2f550704f17beff940aa
2024-10-08	2	LOW_SPENDER	518425b85ab77a791f240b2c079859a0
2024-10-09	2	LOW_SPENDER	518425b85ab77a791f240b2c079859a0

圖 9-7　散列鍵與散列差引入 hash key 與 hash diff 是 DV2.0 中最明顯的改變之一

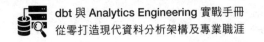

透過散列演算法將多個欄位合而為一，DV2.0 在關聯資料表及比對差異的效能有很大提升，更減少了加載過程的商業邏輯複雜度。

線上資源

 https://github.com/dbt-local-taipei/dbt-book-01/blob/main/
chapter-09/09-01-01_resources.md

除了以上提到的優點，使用 hash key 還有在資料倉儲跨環境兼容性與即時資料（real time data）載入上有幫助。想要更深入了解的話可以參考 Scalefree 的網站與文章。

● 9-2 用 dbt 建立 DV 2.0：實作案例分享

▌用 dbt 建立 Data Vault 的優勢

使用 dbt 來建立 Data Vault 的主要優勢來自於能夠利用 dbt macro 和 dbt packages，輕易實踐 DV 設計理念的模組化及可重用性。雖然 DV 的設計比雖然一般的資料倉儲架構複雜，但直接使用 dbt package 來做基本設置，就能降低實踐的技術門檻。

在 6-3 有提到過，dbt macro 是 Jinja 模板語言的延伸，使用 macro 可以將重複的邏輯提取出來，避免重複編寫；dbt packages 就是 dbt 官方或其他社群的開發者所開發的一組 macro，讓其他人可以直接引用，不必重複造輪子。

透過 dbt 的 macro 和 packages，就可以達到高重用性與模組化的特性：使用 macro 就可以把絕大部分的 SQL 語法都模組化，只需要設定 config 與參數，就可以利用 dbt packages 與 macro 建立資料管道及 models。

另外，dbt 開源的性質也吸引了很多不同開發團隊的貢獻。最近幾年 dbt 的人氣增長，也增加了幾個不同的 DV 的 dbt packages。接下來我們會介紹一些好用的 macros，提供你選擇。

▎推薦 dbt 實作 DV 2.0 的好用 macros

一般要實作 DV，會建議使用資料建模與資料品質管理（Data Quality Management）類型的 package，除此之外，本節還會推薦其他常用於 DV 的 dbt package 以及模板。

🗄 資料模型構建 macro

因為 DV 資料模型都是模板化的輪輻模型，絕大部分的 SQL 編譯（compile）都可以使用 macro，操作主要的考量則是建模概念和 package 配置。兩個主要的選項：

- **AutomateDV**：基本上是用 dbt 建構 DV 的預設選項，也是最受歡迎的 DV 開源套件。從開源專案的角度來看，較多使用者代表能比較容易找到參考資料，且 AutomateDV 也有自己的入門模板，方便快速上手。

- **datavault4dbt**：相對新進的 DV 專門套件。雖然說大部分的功能與 AutomateDV 類似，但支援比較多原始資料層的種類、選項。

一般來說，我們會建議使用 AutomateDV，但如果對 DV 設計比較熟悉、或需要可以支援 CDC 或瞬態資料源（transient data sources）的原始資料的話，也可以考慮 datavault4dbt。

資料品質評估、管理

dbt 內建的資料品質測試功能已經相當強大，本書 Ch7 也已經討論過泛用的資料品質測試的 package，本章就不多談。由於 DV 資料模型有很多模型上的規定性限制（Perscriptive Restrictions），資料品質就顯得格外重要。譬如說，DV 模型實際查詢會用上比一般多的 join，如果某個重要的唯一鍵被重複了的話，扇出 [3]（fan out）的問題就會造成更嚴重的後果。以下是一些專門為 DV 設計的測試 package：

- **AutomateDV+datavault4dbt**：這兩個選項都提供了一些內建的單元測試，若有適當設置參考鍵（reference keys），將對資料模型的完整性大有助益。

- **dq-vault**：這是專為 DV 資料設計的測試套件，包括各種主要的規範性限制測試（資料複製、核對、參考完整性等）。

其他 package

以下是一些其他非關鍵但會推薦使用的一些 package：

- **dbterd**：專門為了視覺化實體關係圖（Entity Relation Diagram）的 package。由於 DV 設計上會比較複雜，而如果自己手動話的話也會很痛苦。這個套件會使用 dbt 裡的關係元數據（Relationship Metadata）自動生成實體關係圖。

- **DV 項目模板與範例**：雖然不是嚴格意義上的 package，如果是第一次實踐 DV 的話最好是先從入門模板開始客製化，而模板內會預先設置好一些最佳選項。

---

3 SQL join 產出的行數是 join 使用的鍵的行數的乘積，如果某個表的唯一鍵出現意外重複的話，查詢結果會按照 join 使用的次數以倍數增長。想要深入瞭解的話可以參考：https://help.whaly.io/misc/sql-fanout

線上資源

https://github.com/dbt-local-taipei/dbt-book-01/blob/main/
chapter-09/09-02-01_resources.md

Data Vault 2.0 推薦 package

- AutomateDV

- datavault4dbt

- dq-vault

- dbterd

- dbt-data-vault-template

▌實作案例：專案初始化與 package 設定

介紹完 packages 之後，現在要正式進入實作。接下來的案例主要會使用
「dbt-data-vault-template」的模板與「AutomateDV」構建 models，但剛剛介
紹的各個 package 也都是大同小異，實際操作可以按照自己使用狀況做選擇。

在 3-2 曾示範過，第一次使用 dbt Cloud 時，需要先初始化專案，才會產
生資料夾及檔案等等。若要使用 dbt-data-vault-template，則不使用一般的初始
化方式。如果用的是 dbt Cloud，請將範例專案 fork 到自己的 repo，在建立 dbt
Cloud 專案時，直接連接即可。如果用的是 dbt Core，請直接 clone 以下 repo：

```
git@github.com:infinitelambda/dbt-data-vault-template.git
```

在繼續之前，可以先觀察一下 package 在根目錄裡的幾個重點設定檔。
接下來的案例實作主要使用 AutomateDV，但模板內除了 AutomateDV 以外，
也有包含 datavault4dbt 的設定，所以接下來的説明，也會指出並建議移除

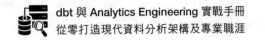
datavault4dbt 相關的設定。由於檔案比較長，跟 data vault 無關、或是 dbt 預設
的設定等，就會直接跳過。

packages.yml - 套件安裝設定

這裡就只是使用 dbt package hub 來簡單安裝 automate_dv，所以建議移除
最後兩行有關 datavault4dbt 的 package 設定。

```
packages:
  ...
  - package: Datavault-UK/automate_dv
    version: 0.9.6
  - package: ScalefreeCOM/datavault4dbt
    version: 1.0.17
```

dbt_project.yml - 主要參數設定（vars）

在這個設定檔內，主要需要考慮的是 vars 內的 package 參數設定。模板
內的參數設定全部是預設值。只需要考慮前綴是 automate_dv 的參數。其他
datavault4dbt 開頭的皆可以刪除或暫時註解掉。

另外，以下四行設定都是關於在創建 hash key（散列鍵）的時候，應該要用
到哪一個演算法與有關的設定。在大部分情況下，都會推薦使用 MD5 演算法，
主要需要確認的是 dbt 專案所採用的資料平台能不能支援這些演算法和設定。除
此之外，使用預設的選項即可應該都沒有問題，除非用的是 Redshift 或者其他小
眾的平台，就可能需要再多做一些稍作調整。

```
vars:
  ...
  automate_dv.hash: MD5
  automate_dv.concat_string: '||'
  automate_dv.null_placeholder_string: '^^'
  automate_dv.hash_content_casing: 'UPPER'
```

以下兩行設定是關於仿造資料（Ghost Records）的設定。在 Data Vault
標準中，仿造資料是為了在創建下游時間點快照表（Point-in-Time snapshot

tables）時，確保 join 等值回傳的附加功能。當在某個時間點查詢衛星表時，如果沒有記錄，資料庫會返回空值（NULL）。在大部分 SQL 資料庫處理系統裡，join key 裡有空值的話處理效能會比較差。而為了避免處理空值 join key，可以在衛星表創建時插入仿造資料。

在需要處理大量資料的情況下，這個功能可以對性能帶來較大的提升，但為了提高效能，仿造資料會在資料庫中寫入一些原始資料沒有的紀錄，在一般資料量小且對查詢運行時間（query run-time）沒有特別要求的情況下，不需要特別開啟。

```
vars:
...
  automate_dv.enable_ghost_records: false
  automate_dv.system_record_value: 'AUTOMATE_DV_SYSTEM'
```

剩下的幾個設定參數基本上不太需要調整：

```
vars:
...
  #NULL Key configurations
  automate_dv.null_key_required: '-1'
  automate_dv.null_key_optional: '-2'
  #Other global variables
  automate_dv.escape_char_left: '"'
  automate_dv.escape_char_right: '"'
  automate_dv.max_datetime: '9999-12-31 23:59:59.999999'
```

線上資源

https://github.com/dbt-local-taipei/dbt-book-01/blob/main/chapter-09/09-02-02_resources.md

AutomateDV 官方說明文件

🗄 dbt_project.yml - 資料源設定（seeds）

```
seeds:
  +schema: SALESFORCE
```

這個模板自帶了簡單的資料源，使用 seeds 參數來設定 seeds 儲存路徑。以上 schema 定義會將 `/seeds` 這個目錄裡所有的 CSV 各做為一個表單，上傳到 SALESFORCE 這個 schema，來當作模擬資料源。

🗄 dbt_project.yml - 資料模型設計（models）

以下 models 設定內有三個子參數 psa、automate_dv、datavault4dbt。automate_dv 與 datavault4dbt 對應了兩個 package，datavault4dbt 這個子參數組可以直接先移除。

```
models:
  dbt_data_vault_template:
    psa:
      +materialized: table
      +schema: psa
    automate_dv:
      stage:
        +materialized: view
        +schema: automate_dv
      raw_vault:
        +materialized: incremental
        +schema: automate_dv
    datavault4dbt:
    ...
```

加上之前設定的 seeds 就可以繪出簡單的資料處理管道概念，如圖 9-8。

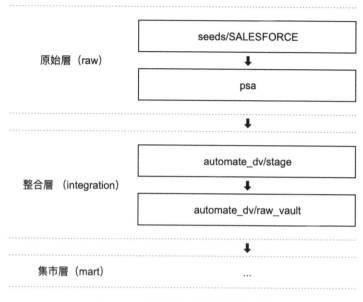

圖 9-8　案例資料處理管道概念圖

從 MDS 的角度來看，SALESFORCE 和 psa 是 staging，而 stage、raw_vault 則是對應 intermediate。這裡的 psa 指的是 Persistent Staging Area（永久暫存區），雖然會做一些簡單的處理，但是大致上是一比一對應原資料層所有的資料表，在這個資料處理模型上，可以當作原始層的一部分。除了 schema 定義以外，這裡的實體化方式需要按照資料處理層的分別調整，而要注意的是 raw_vault 與 psa 的不同參數設定。較複雜的 raw_vault 用的是 incremental，代表每跑一次資料處理管道只會加入當次資料刷新的新資料，相對簡單的 PSA 則是 table，代表是整個資料庫會被重新覆蓋掉。

初始化（initialization）指令

由於是直接複製的模板，在初始化的步驟中就不需要執行一般流程的 `dbt init`，只需要做有關資料源與 package 設定有關的步驟。如果使用的是 dbt Core，則需要先安裝 dbt Core 環境以及設定 profiles.yml 的資料平台連線設定。

為了初始化這個模板，需要執行以下兩個 dbt 指令：

- **dbt seed**：創建與上傳剛才提到的 SALESFORCE 模擬資料源。

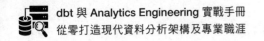

- **dbt deps**：下載並安裝 packages.yml 裡面設定的各個 package，包括這次用到的 automate_dv。

實作案例：資料處理模型管道

原始層：seeds

一般來説，dbt 資料管道的第一個步驟，是用 source 語法引用資料倉儲的 table，但現在由於示範例專案，所以用 seeds 的方式，模擬一般資料處理管道的資料源，而非一般的 seed 與 source 用法。如果需要複習如何上傳與設定 seed 的話可以參考 4-4，這裡就簡單帶過。

除了以上提到的 dbt_project.yml 裡的設定，這裡主要處理的是 /seeds 目錄裡面的幾個 .csv 檔案：

```
- accounts.csv
- contacts.csv
- leads.csv
- opportunities.csv
```

接下來，我們要把剛剛執行 `dbt seed` 後，在資料平台建立 tables，視同一般的資料源來使用。請開啟 models/psa/salesforce_sources.yml，將 database 和 schema 改為實際打進資料平台的 database 以及 schema。

```
# /models/psa/salesforce_sources.yml
sources:
  - name: salesforce
    description: sample salesforce data
    database: DBT_DATA_VAULT_TEMPLATE
    schema: DBT_SALESFORCE
    tables:
      - name: accounts
      ...
      - name: contacts
      ...
      - name: leads
```

```
...
- name: opportunities
...
```

🗄 原始層：**PSA**（永久暫存區）

當資料團隊無法直接管控來源資料時，資料管道的設計也需要考慮如何應對來源資料可能發生的各種狀況。為了盡量在資料管道初期解決這些問題，PSA 層在 DV 模型與管道內起到幾個比較特別的作用：

1. **資料格式整理與統一**

   由於資料源通常是直接從原始系統內直接匯入的，在資料類型、格式、命名上通常都有所差異。為了簡化實際 DV 設定的邏輯，通常都會把這一類的問題事先處理完成。如此一來，各個 DV 資料模型就不會需要額外的客製化或差異化的處理邏輯。

2. **資料緩存、備份**

   在資料源載入管道不穩定、資料異動沒有實現 logging 的情況下，可以利用 PSA 來作資料緩存或短期備份。就算在相對穩定的資料處理管道內，也可以在執行實際 CDC 之前先在 PSA 做簡單的日常資料比對。

   呼應 PSA 裡的 Persistent，這層的實體化方式是 table：

```
+materialized: table
```

雖然在不同的資料庫裡 table 的定義稍微不同，但實體化為 table 代表這層的資料不會即時的隨著資料源變化，也可以當作緩衝備份的作用。在更大型的資料源庫上，PSA 的設計也會較複雜，可能會使用 incremental 的實體化方式來實現 CDC 的功能。

由於主要是對應資料源設計，這裡的 model 語法就不會非常複雜。以其中一個檔案做案例：

```
# models/psa/psa_salesforce_opportunities.sql
with source as (
```

```
    select * from {{ source('salesforce', 'opportunities') }}
),
renamed as (
    select

        BATCHID,
        OPPURTUNITYID as OPPORTUNITYID,
        COMPANEXTID as ACCOUNTID,
        to_decimal(replace(replace(AMOUNT,'$',''),',',''),9,2) as AMOUNT,
        PROJECT_NAME,
        OPPURTUNITY_NAME as OPPORTUNITY_NAME,
        STAGE,
        CLOSE_DATE,
        DATECREATED,
        MODIFIEDDATE
    from source
)
select * from renamed
```

除了基本的 source 定義以外，這裡邏輯主要是為了剛才提到的資料格式整理與統一，為了簡單的欄位重新命名：

```
...
    OPPURTUNITYID as OPPORTUNITYID,
    COMPANEXTID as ACCOUNTID,
    ...
    OPPURTUNITY_NAME as OPPORTUNITY_NAME,
...
```

和格式清理及統一：

```
...
    to_decimal(replace(replace(AMOUNT,'$',''),',',''),9,2) as AMOUNT,
...
```

對 SQL 如果不是很熟悉的話，這行看起來可能有點複雜，但其實只是將美化過的的貨幣字串值轉換為小數格式。

整合層：stage

從 dbt_project.yml 的 model 參數設定上可以看出來，相對 PSA 的永久暫存，
stage 則是整合層內的非永久暫存。

```
# dbt_project.yml
models:
...
    automate_dv:
      stage:
        +materialized: view
        +schema: automate_dv
...
```

這裡 `+materialized: view` 的意思是，在執行資料處理管道的時候，會以
create view as ... 的方式創建資料。換句話說，這一層的 model 只包含一次性的
處理邏輯，在實體化時也不會進行任何實際的資料處理，只有到再下一層的運行
（runtime）才會實際執行。

這樣的設計主要是為了簡化 raw vault 層的設計，將所有的 hash key 都在同
一個 view 上事先定義好，就不需要在衛星表（satellite）或鏈接表（link）上參照
中心表（hub）。這樣也讓下一層可以更有效的做到平行處理。

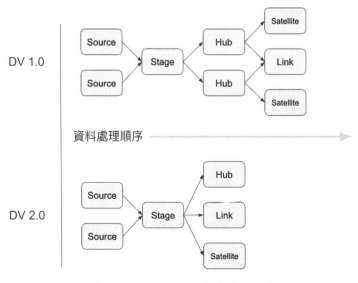

圖 9-9　DV 1.0 vs 2.0 平行處理順序

　　這個檔案分成兩大部分，定義和設定變數、與將變數映射到 macro 上。函數輸入的部分基本上是樣板化的（boilerplate），而比較重要的是定義和設定變數的部分：

```
# models/automate_dv/stage/adv__stg_salesforce_opportunities.sql
{%- set yaml_metadata -%}
source_model: "psa_salesforce_opportunities"
derived_columns:
  RECORD_SOURCE: "!SALESFORCE__OPPORTUNITIES"
  LOAD_DATETIME: "DATECREATED"
  EFFECTIVE_FROM: "MODIFIEDDATE"
hashed_columns:
  OPPORTUNITY_PK: "OPPORTUNITYID"
  ACCOUNT_PK: "ACCOUNTID"
  OPPORTUNITY_ACCOUNT_PK:
    - "OPPORTUNITYID"
    - "ACCOUNTID"
  OPPORTUNITY_HASHDIFF:
    is_hashdiff: true
    columns:
      - "AMOUNT"
      - "PROJECT_NAME"
      - "OPPORTUNITY_NAME"
      - "STAGE"
      - "CLOSE_DATE"
{%- endset -%}
```

　　derived_columns 的部分是為了符合 DV 2.0 的規範，每一筆紀錄都需要有明確的資料出處（RECORD_SOURCE）、創建時間（LOAD_DATETIME）、有效時間（EFFECTIVE_FROM）。從原始資料層的資料列上可以看出，來源資料系統並沒有包含有效的 CDC 的資料設計，但使用以下處理邏輯後，就可以就可以某種程度上做到類似 CDC 的功能：

1. 分開定義有效與創建時間。

2. 在 raw_vault 層使用資料比對與增量實體化（incrementally materialized）。

　　hashed_columns 設定的部分是所有散列值的定義。雖然說 AutomateDV 沒有嚴格執行列命名約定（column naming conventions），但這裡還是按照列命名規範使用「_PK」來辨識各個唯一鍵（Primary Key）和「_HASHDIFF」來辨識散列值差。

　　嚴格來說，這裡的 ACCOUNT_PK 其實是 Accounts 實體的唯一鍵，在這個表內應該算是外鍵（Foreign Key）。但為了統一各個表上的列命名，還有方便寫下游查詢，這裡就都定義成 _PK。

　　另外就像我們之前提到的，hashdiff 主要的用途是為了快速比對敘述性資料，而所以這裡包含在 OPPORTUNITY_HASHDIFF 裡面，也只有 Opportunity 這個實體的敘述性資料列。

🗄 整合層：**raw_vault**

　　在這一層裡，會實際完成這個案例的 DV 資料模型：

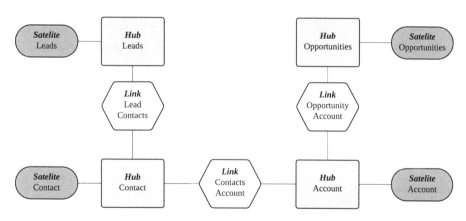

圖 9-10　Salesforce 客戶源 DV 資料模型

　　跟之前兩層不同的地方是，這層的設定使用的是在 6-6 提到過的增量更新：

```
models:
...
    automate_dv:
        ...
```

```
raw_vault:
  +materialized: incremental
  +schema: automate_dv
```

在 DV 2.0，幾個重要實體表的唯一性約束，主要是使用之前提到的散列值來實現：

- **中心表（hub）**：實體的唯一鍵，命名方式是 <table_name>_PK。

- **鏈接表（link）**：雙向外鍵合併後轉化成唯一鍵，命名方式是 <table1_name>_<table2_name>_PK。

- **衛星表（sat）**：實際唯一性約束應是對應中心表的唯一鍵 <table_name>_PK + 散列差 HASHDIFF。從邏輯上來看唯一鍵 + 最大導入時間 LOAD_DATETIME 算是「最後一筆有效紀錄（last effective record）」。

dbt 在這項處理上其實有很多特別的功能，但由於 AutomateDV 會自動處理，這裡就不對 AutomateDV 如何實現做解釋。由於大部分的散列值轉換與設定已在 stage 層完成，這裡主要只是實際映射表列的模板化代碼。由於資料模型內的表量比較多，以下案例也就不一一解釋，而就只擇一作為案例。

📦 整合層：raw_vault 中心表（hub）設定

可以看出來，這個表主要只是對應 Opportunities 這個實體的索引表，對應了散列值鍵 OPPORTUNITY_PK 和商業鍵 OPPORTUNITYID。

```
models/automate_dv/raw_vault/adv__hub_opportunity.sql
{%- set source_model = "adv__stg_salesforce_opportunities"   -%}
{%- set src_pk = "OPPORTUNITY_PK"          -%}
{%- set src_nk = "OPPORTUNITYID"           -%}
{%- set src_ldts = "LOAD_DATETIME"      -%}
{%- set src_source = "RECORD_SOURCE"     -%}

{{ automate_dv.hub(src_pk=src_pk, src_nk=src_nk, src_ldts=src_ldts,
                src_source=src_source, source_model=source_model) }}
```

🗄 整合層：raw_vault 鏈接表（link）設定

鏈接表主要的作用就是按照商業邏輯在兩個實體中維持映射（mapping）。由於 Opportunities 這個實體只有一個邏輯鏈接到 Accounts，所以也只需要一個鏈接表。

```
models/automate_dv/raw_vault/adv__link_opportunity_account.sql
{%- set source_model = "adv__stg_salesforce_opportunities"      -%}
{%- set src_pk = "OPPORTUNITY_ACCOUNT_PK"          -%}
{%- set src_fk = ["OPPORTUNITY_PK", "ACCOUNT_PK"] -%}
{%- set src_ldts = "LOAD_DATETIME"            -%}
{%- set src_source = "RECORD_SOURCE"          -%}

{{ automate_dv.link(
                src_pk=src_pk, src_fk=src_fk, src_ldts=src_ldts,
                src_source=src_source, source_model=source_model
) }}
```

這個表的設計也是相對簡單的，直接定義唯一鍵 OPPORTUNITY_ACCOUNT _PK 和兩個外鍵 OPPORTUNITY_PK、ACCOUNT_PK 就好了。雖然理論上來說，這個表的設計甚至可以再進一步簡化，拿掉複合唯一鍵。但這樣在實際執行實體化時，資料比對步驟會需要多一倍，反而得不償失。

🗄 整合層：raw_vault 衛星表（sat）設定

在 DV 設計上，衛星表包含了相應中心表的描述性資料列，所以通常也是各個 DV 資料模型內最「寬」、欄位最多的。從以下範例可以看出來，主要的 payload 資料就是提到的敘述性資料列。這裡的唯一性約束除了唯一鍵以外，在邏輯上也會考慮到散列差。當散列差一樣時，為了維持資料稀疏性（data sparsity）就不會寫入新的資料紀錄。

值得一提的是，在複雜的資料模型情況下，可能會有多個衛星表對應一個中心表來實現對應同一個實體的資料源，但不會有多個對應一個實體的中心表。

```
models/automate_dv/raw_vault/adv__sat_opportunity.sql
{%- set yaml_metadata -%}
```

```
source_model: "adv__stg_salesforce_opportunities"
src_pk: "OPPORTUNITY_PK"
src_hashdiff:
  source_column: "OPPORTUNITY_HASHDIFF"
  alias: "HASHDIFF"
src_payload:
    - "AMOUNT"
    - "PROJECT_NAME"
    - "OPPORTUNITY_NAME"
    - "STAGE"
    - "CLOSE_DATE"
src_eff: "EFFECTIVE_FROM"
src_ldts: "LOAD_DATETIME"
src_source: "RECORD_SOURCE"
{%- endset -%}

{% set metadata_dict = fromyaml(yaml_metadata) %}

{{ automate_dv.sat(src_pk=metadata_dict["src_pk"],
                src_hashdiff=metadata_dict["src_hashdiff"],
                src_payload=metadata_dict["src_payload"],
                src_eff=metadata_dict["src_eff"],
                src_ldts=metadata_dict["src_ldts"],
                src_source=metadata_dict["src_source"],
                source_model=metadata_dict["source_model"])    }}
```

▌DV 資料查詢使用方式

如同 9-1 的說明，DV 2.0 的方法主要是要應對資料源來自許多不同系統，欄位、資料內容、載入時間皆不一致的複雜狀況。使用 DV 2.0 除了要將資料拆成中心表、鍊接表、衛星表之外，在取用資料的做法也會比一般的 SQL 查詢語法複雜。接下來將會舉一些常見的使用方式來做比較。

📇 簡單的資料查詢

提取所有交易金額大於 10 的交易機會（Opportunity）。

　　這個應該是一般最常見的 SQL 使用方法吧！如果是一般的 SQL 查詢，可以很簡單的用一行解決：

```sql
select opportunity_id, amount
from opportunity where amount > 10
```

　　但同樣的查詢，套用到 DV 資料模型就會變得比較複雜：

```sql
# 0. 定義中心表
with hub_opp as (
    select * from adv__hub_opportunity
),

# 1. 按日期在衛星表上篩選出最新載入的紀錄
sat_opp_rn as (
    select
        *,
        row_number()
            over (partition by opportunity_pk order by load_datetime desc)
            as rn
    from adv__sat_opportunity
),

sat_opp_last as (
    select
        opportunity_pk,
        amount
    from sat_opp_rn
    where rn = 1
),

# 2. 鏈接中心與衛星表
opp as (
    select
        hub.opportunity_pk,
        hub.opportunityid,
        sat.amount
    from hub_opp as hub
    left join sat_opp_last as sat
```

```
        on hub.opportunity_pk = sat.opportunity_pk
)

# 3. 按照商業條件篩選並輸出資料
select * from opp
where amount > 10
```

為了示範所需的處理步驟，以上的 SQL 案例是故意以比較冗長與清楚的方式寫出來的。但可以看出來，相對一般的資料倉儲表，DV 就連提取基本的資料，步驟都會長很多。

🗄 跨實體的資料查找

有多少個機會（Opportunity）來自城市為新加坡的帳戶（Account）？

在一般的寫法下，就算不用勉強用一行解決，也是可以在一層 SQL 內處理完：

```
select count(distinct opp.OPPORTUNITY_ID) as count
from account as acct
left join opportunity as opp
on acct.OPPORTUNITY_ID = opp.OPPORTUNITY_ID
where acct.CITY = 'Singapore'
```

然而，使用 DV 就需要好幾個步驟：

```
# 0. 定義中心與鏈接表
with hub_acct as (
    select * from adv__hub_account
),

hub_opp as (
    select * from adv__hub_opportunity
),

link_opp_acct as (
    select * from adv__link_opportunity_account
),
```

```
# 1. 按日期在衛星表上篩選出最新載入的紀錄
sat_acct as (
    select * from (
        select
            *,
            row_number() over
            (partition by account_pk order by load_datetime desc)
            as rn
        from adv__sat_account
    ) where rn = 1
),

acct as (
    select
        hub_acct.account_pk,
        sat_acct.city
    from hub_acct
    left join sat_acct
        on hub_acct.account_pk = sat_acct.account_pk
),

# 2. 通過鏈接表鏈接兩個中心表
acct_opp as (
    select
        acct.account_pk,
        acct.city,
        hub_opp.opportunity_pk
    from acct
    left join link_opp_acct
        on acct.account_pk = link_opp_acct.account_pk
    left join hub_opp
        on link_opp_acct.opportunity_pk = hub_opp.opportunity_pk
)

# 3. 按照商業條件篩選計算，載出
select count(distinct opportunity_pk)
from acct_opp
where city = 'Singapore'
```

🗄 跨系統的資料整併

以上兩個案例會讓你覺得用 DV 的查詢語法變得比較複雜，再讓我們引用 9-1 的設計案例，舉例說明跨系統的資料整併情況，正適合使用 DV 查找，會讓查詢語法變得比較簡單，且具備擴充性。

如何從 CRM 系統（System A）和 Billing 系統（System B）中提取每位客戶的統一資料，並處理兩個系統中可能的 payment_status 衝突？若 CRM 系統中缺少客戶名稱，就使用預設值 Unknown 來填補。

在一般的寫法之下，當我們需要整合來自兩個系統的客戶資料時，經常會遇到數據重複或不一致的情況。可能會先根據 email 來比對客戶，再寫邏輯使用 CASE 來檢查並標記名稱不一致的情況來處理 payment_status 衝突，以及處理當 CRM 缺少客戶名稱時的情況。查詢過程涉及多步驟和較為複雜的邏輯，以保證資料的統一和正確性。你可以想像，隨著系統數量的增加，例如需要整併更多系統，或者邏輯衝突處理更多狀況時，這樣的查詢會變得多複雜。

```
# 1. 根據 email 比對 CRM 和 Billing 系統中的客戶
with matched_customers as (
    select
        a.customer_id as crm_customer_id,
        b.customer_id as billing_customer_id,
        a.email as crm_email,
        b.email as billing_email,
        a.name as crm_name,
        b.name as billing_name,
        a.payment_status as crm_payment_status,
        b.payment_status as billing_payment_status
    from
        system_a_customers as a
    full outer join
        system_b_customers as b
    on
        a.email = b.email
    where
        a.email is not null or b.email is not null
),
```

```
final_customer_data as (
    # 2. 解決潛在的客戶名稱和付款狀態衝突
    select
        coalesce(crm_customer_id, billing_customer_id) as customer_id,
        crm_email, billing_email,
        -- 如果兩邊的名稱不同，標記衝突
        case
            when crm_name is not null and billing_name is not null
                and crm_name != billing_name
            then 'Name Mismatch'
            else coalesce(crm_name, billing_name)
        end as final_name,
        -- 處理付款狀態衝突
        case
            when crm_payment_status != billing_payment_status
            then 'Payment Status Conflict'
            else coalesce(crm_payment_status, billing_payment_status)
        end as final_payment_status
    from
        matched_customers
)

# 3. 提取最終的客戶資料
select
    customer_id,
    final_name,
    final_payment_status
from
    final_customer_data;
```

但改用 DV 的做法，將客戶的唯一業務鍵（例如：email）儲在 Hub 表中，而每個系統的資料（如 name 和 payment_status）則分別儲存在各自的 Satellite 表中。這樣的架構不僅能簡化數據合併過程，還能有效地處理跨系統的數據衝突。當有新系統加入時，只需新增對應的 Satellite 表即可，無需更改現有查詢邏輯，從而簡化維護和擴展。

```
# 1. 從 Hub 表中提取唯一客戶業務鍵
with hub_customer as (
```

```
    select
        customer_pk, -- 唯一的客戶鍵
        business_key as customer_id -- 客戶業務鍵（例如：email 或外部 ID）
    from
        dv__hub_customer
),

# 2. 從 CRM 系統（System A）的 Satellite 中提取最新記錄
sat_customer_crm as (
    select
        customer_pk,
        name as crm_name,
        payment_status as crm_payment_status,
        row_number() over (partition by customer_pk order by load_
datetime desc) as rn
    from
        dv__sat_customer_crm -- CRM 系統的衛星表
    where
        is_active = 1 -- 僅選取有效記錄
),

#3. 從 Billing 系統（System B）的 Satellite 中提取最新記錄
sat_customer_billing as (
    select
        customer_pk,
        payment_status as billing_payment_status,
        row_number() over (partition by customer_pk order by load_
datetime desc) as rn
    from
        dv__sat_customer_billing -- Billing 系統的衛星表
    where
        is_active = 1 -- 僅選取有效記錄
),

#4. 合併來自兩個系統的最新客戶記錄
sat_customer_combined as (
    select
        h.customer_pk,
        h.customer_id,
        -- 若 CRM 沒有客戶名稱，則填補 'Unknown'
        coalesce(a.crm_name, 'Unknown') as customer_name,
        -- 處理來自 CRM 和 Billing 系統的付款狀態衝突
        case
            when a.crm_payment_status is not null and b.billing_payment_
```

```
status is not null
            and a.crm_payment_status != b.billing_payment_status
        then 'Payment Status Conflict'
        else coalesce(a.crm_payment_status, b.billing_payment_status)
    end as unified_payment_status
from
    hub_customer as h
left join
    sat_customer_crm as a on h.customer_pk = a.customer_pk and a.rn =
1 -- CRM 系統最新記錄
left join
    sat_customer_billing as b on h.customer_pk = b.customer_pk and
b.rn = 1 -- Billing 系統最新記錄
)

#5. 提取最終合併的客戶資料
select
    customer_id,
    customer_name,
    unified_payment_status
from
    sat_customer_combined;
```

DV 使用狀況、定位

　　在傳統用法裡，DV 基本上只會用在整合資料層（Integration Layer），而不會讓一般使用者（Data Analyst、Data Scientist）直接使用。就算在整合資料層裡，也不是所有的案例都需要這種高複雜性的設計。只有在特定需要考慮原始資料、或組織複雜性的狀況下才會套用。

　　在我們最常見並建議使用 DV 的狀況是：

🗄 DE、AE、DA 有明確分工的組織

　　或換句話說，不管實際職稱是什麼，如果你的原資料層（由 Product / Eng 負責）、整合層（由 DE 負責）、Marts（由 AE 負責）、與最終資料消費者（DA）有明確的組織上的職權與分工，DV 是個很好的選擇。

在這種狀況下，不管原始資料層有什麼樣的變動與改版，都僅對一個資料層產生影響，而只有一個團隊需要應對。相對的，不管其他團隊做什麼樣的改變，只要對接的資料格式相容，對其他的團隊也不會有太大的影響。另外，由於 DV 的設計重複性高，內部工具開發也比較容易平台化。

資料源複雜而經常變化

在 DV 的設計中，將衛星（Satellite）和中心（Hub）分成不同的實體，這樣的作法相對一般單一化的資料模型設計，DV 對資料源變化的兼容性較高。在需要載入很多第三方資料源的使用情境，常常需要因應資料源的變化而作調整。例如：在唯一鍵不變，但要對應實體的敘述性資料設計變化，DV 只需要開一個新的衛星表，而不用做任何其他的欄位改變。在對應一些舊型資料基礎設施（legacy data infrastructure）的狀況下，這個功能對 DV 採用是個很重要的考量。在一些非縱列資料庫（Columnar Database）儲存架構下，要增加新的欄位是非常低效能，並且高風險的操作。

又例如：商務唯一鍵需要改變，如果使用 DV，就可以靠新增中心與鏈接表的商務鍵，並改變散列唯一鍵的產生邏輯來做調整，就可以達到向後相容性（backwards compatibility）。

現代資料工程考量

因應近年來各種資料工程及工具的進步，除了將 DV 在整合資料層內使用，也有一些值得一提的例外案例。

從工具來說，DV 有機會對接一些自助服務資料工具（self-serve data tools）。只要這些工具可以接受多層的鏈接，且 SQL 查詢引擎（SQL Query Engine）在效能上可以應付的話，這種嚴謹與模組化的設計，其實很適合自動產生查詢。相對的，也要權衡考慮的是，定義指標可能會增加一些複雜度，不過這類問題或許也能使用專門對接工具的簡化版 DV 來解決，這類的使用情境通稱 Business Vault。

　　最後，在資料工程比較先進的環境下，也可能直接跳過 marts，而直接使用語義層工具，例如：8-5 提到的 dbt Semantic Layer。與以上提到的狀況相似，由於 DV 的設計適合自動產生 SQL，如果資料團隊的分工是依業務領域拆分，也可以考慮各個小組直接在 DV 整合資料層設計語義層。

▌本章小結

　　Data Vault 在資料建模領域裡算是比較進階的概念，相對 Ch8 提到的其他建模設計，也是在較大的資料量與團隊才會有顯著的效果。在下一章深入討論 Data Team 的意義與組織模式時，也可以同時考慮相對應的各種資料建模概念、設計！

Note

建立資料團隊及資料文化

透過頂台小籠包的資料團隊打造過程,帶出建立資料團隊
時該注意的事項及如何塑造資料文化。

建立資料團隊

前面帶你實際操作 dbt Cloud、dbt Core 及說明各種實用的重要觀念，你已經具備好成為資料團隊的一員，或者你的公司還沒有資料團隊正需要你來打造一個。本章正是要教你如何建立資料團隊，如果你已經加入資料團隊，也歡迎用以下方法檢視一下。

頂台小籠包資料團隊成立的目標相當明確，當初為了將明宏在單店做到的效率及成長擴大到所有門市，目的就是要能夠掌握資料、發現洞察，提供有價值的資訊給各店，讓公司業務成長。這只是一個較常見的例子。隨著公司規模大小、開始做資料的原因不同等，建立資料團隊可能有不同目的，以下將會介紹不同資料團隊的組織方式、目的以及如何評估資料團隊的價值。

10-1 有效組織資料團隊

這個團隊的目標是什麼？這點尤其重要，不要覺得資料是金礦就想成立資料團隊，具體這個金礦是什麼？為什麼覺得資料是金礦？到底想挖什麼出來？都要事先想清楚（或者公司想繳學費也很好）。聽過幾個真實案例是公司找了資料分析師或直接建立 Machine Learning 團隊，但卻沒有任何資料基礎建設，這些人只好先從基礎建設開始，花 1 ～ N 年才能做到原本想做的事，或者人才加入後發現這個狀況可能就打退堂鼓了。

想做出小籠包不只是需要厲害的廚師，也要給這個廚師能大展身手的廚房吧。設備不用高級先進，但不能連麵粉都沒有，要廚師自己磨小麥呀。

▌看重技能而非職稱

先講資料團隊內部。也許是從一人開始，設法先把 Data pipeline 接起來，先求有再求好。隨著人力狀況以及公司狀況調整，如果人力有餘，可能會做得更細緻、更深入，如果人力不夠就可能分配時間處理；也要搭配公司狀況考慮，例如：需要處理的資料源有多複雜、量多大、需要多即時等。也會開始分出各種需要：Data Infrastructure、Data Transformation、找到 Insights 回答商業問題，以及對應的各種技能：Data Engineering、Analytics Engineering、Data Analysis。

當超過一個人之後，就需要討論如何分工、怎麼合作，釐清各自的守備範圍，不是要做到壁壘分明，而是想協作的更好，確保沒有人掉球，也讓工作狀況更順利。一次討論是不夠的，其實會需要一直持續調整。

每家公司因為能力需求以及當下的人員能力搭配，可能會有不同的職稱，雖然常見是 Data Engineer、Data Scientist、Data Analyst，但也很多組合變形，例如：BI Engineer、BI Analyst、Data Analytics Engineer、Product Analyst、Business Analyst、Operation Analyst 等等。dbt 在 2022 年介紹了新的職稱叫做「Analytics Engineer」，如同 Ch1 的說明。

也建議不要太在意職位名稱，看一下職位的內容，即便相同職位在不同公司可能做不一樣的事情，反之亦然。從工作內容會比較知道這個職位在這家公司是做什麼的，但也不要太被工作內容限制住了，盡量去探索你想做的，甚至發明一個更適合你的職稱，就像當初「Analytics Engineer」新職稱的誕生。

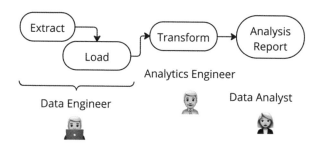

圖 10-1　Analytics Engineer

▌多種組織模式

再講資料團隊該如何組織，在公司內才能有效地發揮。可能第一個想到的問題會是：資料團隊應該要採用中央集權或地方分權呢？

當要建立資料團隊的時候，第一步是架構 Data pipeline。所以大部分的資料團隊都是從中央集權開始，因為資源有限，且人數也不會一下子就很多，甚至在新創公司就一人資料團隊，也沒什麼好考慮其他模式。所以通常一開始資料團隊會採用中央集權，等接下來資料團隊想更深入理解不同產品時，地方分權是個不錯做法：

中央集權的資料團隊

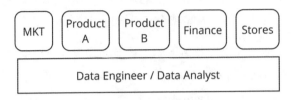

圖 10-2　中央集權的資料團隊

- Data Engineer 跟 Data Analyst 都在同一個資料團隊，負責所有來自其他各 Team 的資料需求。

- 通常，因為人手不夠，會建立一個自助式的 BI 工具，且在其他 Team 培養一個比較會使用 BI 的人。

- 這種模式底下，整個 data models、pipeline 等基礎架構都比較統一，但也就會對其他 Team 如何使用資料、找洞察比較沒空處理。

- 會比較是服務導向，由其他 Team 提需求，資料團隊來處理。

統一管理但有多個資料團隊

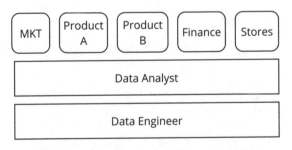

圖 10-3　Centralized but Different 資料團隊

- 多半是在大公司，Data Engineer 跟 Data Analyst 是不同團隊，或者因為總部跟分公司的關係，總部有一個資料團隊處理全公司架構，分公司也有各自的資料團隊處理當地資料。

- Data Analyst 會比較能支援其他單位，也較理解商業邏輯，不管是 Marketing 或產品想跟 Data 合作都會找 Data Anlyst。但是 Data Analyst 遇到資料問題，回溯到上游需要 Data Engineer 協助的時候，就比較困難或耗時，可能分公司的 Data Analyst 需要總部 Data Engineer 協助就只能開需求等。

對資料有重要需求的團隊有專屬的 **Data** 支援

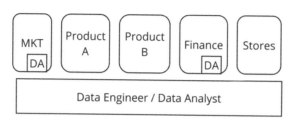

圖 10-4　Embedded in Important Teams

- 有點像是要從中央集權轉到地方分權的過渡期，先從重要的單位開始。像是 Marketing 跟財務通常有較多的資料需求，資料對他們能產生的影響也較直接對應到營收，因此可能有專職的 Data Analyst 負責這些單位，或者該單位因為等不及中央支援，又有資源，因此可以自行聘僱 Data Analyst。

資料團隊採地方分權

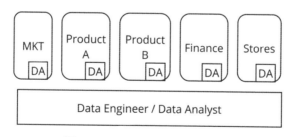

圖 10-5　Embedded Data Team

- 完全的地方分權，只有資料架構的是共享的，每個團隊都有理解該專業的 Data Analyst，合作就像是同一個團隊，Data Analyst 是該團隊的夥伴之一。

- 這個模式的挑戰是 Data Engineer 如何決定工作順序，哪個團隊的需求要先處理？例如：遇到每個單位都有新的資料源要串接，或者有不同的問題要支援時，要先幫忙誰。

沒有任何模式是完美的。每個模式都有企圖想解決的問題，以及對應要處理的挑戰。沒有一個模式可以永遠持續。天下合久必分、分久必合。當一個模式解決了公司當時的挑戰，進到下個階段，挑戰又不一樣。

如果有很複雜的 data stack，可能就需要 Data Engineer 團隊來維運。如果要處理很機密或需要很嚴謹的資料，例如：上市公司，那可能需要中央集權方便控管資料品質及安全性，或者好多分散的資料團隊蒐集及處理資料源。如果需要商業單位快速的做決策，或者希望迅速取得資料，地方分權就比較適合。

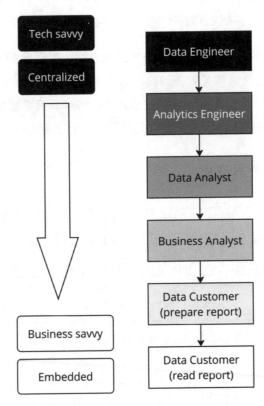

圖 10-6　Tech savvy vs Business savvy

但應該要知道，為什麼調整架構，為什麼現在是這樣，會遇到什麼問題，但也解決哪些問題。當這個模式帶來的壞處多於好處，可能就是得要再調整的時候。

 分享

當你加入一個資料團隊，可以試著了解它是如何演化到現在的組織。為什麼你的 Team 是這樣架構的？對公司或資料團隊帶來哪些好處跟壞處？建議多觀察跟提問。

10-2 何時該調整資料團隊架構

上節介紹的四種資料團隊架構各有合適的資料需求，這節就來討論如何觀察資料需求狀態，因應調整資料團隊架構。剛成立資料團隊的時候就跟多數狀況一樣，很容易服務至上。在 10-1 提到，一開始因為只有 1 ～ 2 個人，也不用考慮地方分權，就只能中央集權，滿容易在建立好 ETL 以及 BI 後就開啟服務模式。在 BI 工具的教學活動結束後，大家就會問說：那你可以幫我建立 XX 圖表？

當資料團隊開始處理這些需求、幫大家建立各種報表，就逐漸產生很多資料表，可能幾乎 80% 重複，多幾個或少幾個欄位！沒有時間去釐清整體需求，來一個打一個，沒有顧及好 Data Models 的設計，在 BI 內建立太多客製化 Query 也是一樣無法管理，容易又回到過去資料混亂的狀況。這就是常見的 Data ATM 狀況，11-3 會再詳談。

可能幸運遇到營運團隊中對資料處理有天賦且感興趣的成員，他們能自行建立適用的圖表。資料團隊才會發現這樣的搭配合作很順，一個在營運團隊對資料有興趣的人，搭配一個在資料團隊對那個領域有興趣的人，這樣的密切合作可以產生綜效，如 10-1 提到的 Embedded in Important Teams。

但也不是每個搭配都一樣成功。要看營運團隊那個人對資料的熟悉度，也要看資料團隊成員對那個領域的興趣程度，有遇過人說：「啊我就是對行銷沒興趣才來做資料呀，不然我就去當行銷啦」，也是有他的道理。

成功要素：

- 這兩個搭配的人要密切合作，要合得來。

- 要有共同目標：一起利用資料協助達到這個目標。

- 商業領域跟資料領域的知識要能互相交流。

因為有成功搭配的經驗，讓資料團隊有餘裕更主動的分享分析結果，希望有不同的角度分析，帶來一點新鮮感可以引發討論。一開始可能很多人說不錯，但也沒空實際細看報告，不過長期堅持還是開始有點影響的。

過程中確實會發生深度合作到，Data Analyst 會懷疑他是否越線不只做 Data Analyst 的工作。只要合作過程是互相尊重、公開討論，互相補位是很重要的。

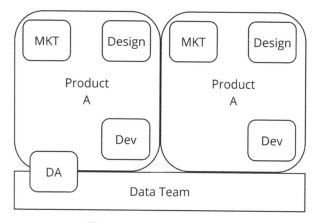

圖 10-7　True Collaboration

這種深度合作在人員有限的情況，不太可能跟每個團隊都做到這樣，但總是樹立了一個典範。

▌回顧整理組織變化的過程

回顧時會發現，改變不一定是刻意發生的，可能是因為一次偶然對了，想複製狀況，才去釐清成功要素跟架構。就算盡量複製了，也不保證下次應用在不同團隊就會成功。但會從中找到一點訣竅。

每個資料團隊的成員，不只是主管，都可以回想一下組織合作方式的調整，做事方式、溝通方式、期待對方的行為等等，有哪些做法是可行或不可行。有時一個小地方的心態調整，就會產生滿大的影響。例如：當中央集權的時候，先認清每個團隊的資料素養程度有差別，對於程度高的團隊，可以討論更深入的話題，對程度低的團隊，該如何引導，光是「先認清每個團隊的程度會不同」，就已經影響資料團隊後續的行為了。

10-3 如何評估資料團隊

　　dbt 的共同創辦人 Tristan 寫過一篇探討如何評估資料團隊的價值「Two ways of measuring Data Team value」，文中提供兩種衡量方式：General & Admin（G&A）日常營運，與 Return of Investment（ROI）創造商業價值。其實也是資料團隊成立的兩種目的。

　　資料團隊提供資料，希望協助使用者回答他們的問題，提供價值。多數的資料使用者是同事、老闆，希望透過各種圖表、報告、洞察，做出更好的決策，讓產品更好。資料團隊的工作是 Empower（賦能）大家做 Data Informed 行動，我們想要的結果，也跟資料消費者相同，希望做出更好的產品，也讓生意更好。這邊講的「產品」是指公司推出的產品或服務，「生意」是指公司商業模式或價值。如果只講對生意好，似乎有點汲汲營營為了賺錢感，意思不止如此，因此加上產品。

　　理想過程如下，希望透過資料團隊與資料消費者的協作，共同提升商業價值。

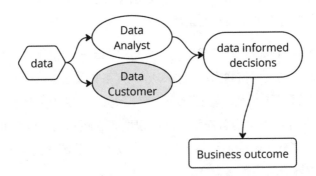

圖 10-8　Value for Business

　　Tristan 提到的兩種，該如何選擇？通常是主管，或者公司負責人才能決定該如何衡量資料團隊。話是這樣說，但身為資料團隊的一員，應該理解自己被衡量方式是怎麼決定的，對自己可以思考適不適合，對團隊也可以提供建議。

有幾個考量點：

- 成立資料團隊的目的，希望解決什麼問題？
  - 節省大家準備報表的時間？
  - 增加全公司的 Data Literacy（資料素養）？

- Data pipeline 有多複雜？
  - 資料平台有地端跟雲端，有多種不同類型的 Databases 跟多家 Data Warehouse。
  - 只有一個雲端 Data Warehouse。
  - 資料源哪些不同的格式、更新方式等等。

- 資料團隊成員的專長與能力
  - 原本是後端工程師被抓來處理資料庫？
  - 原本是資料消費者，因為想要回答問題才去學習資料架構？

> **資訊**
>
> Data Literacy（資料素養）：是指解讀、理解、將資料轉化為資訊及溝通資料的能力。

頂台小籠包的例子，明宏原本是資料消費者，因為想要回答問題才去學習資料相關知識。資料源是自家資料，都在雲端，資料團隊如果只維護日常資料運轉就有點說不過去，一開始就是為了創造商業價值。

但有些跨國公司的資料架構跟需求複雜到，光是財務團隊要處理全球財務資料，就需要一個 40 多人的資料團隊來協助。這樣的資料團隊價值在於日常營運，就已經對公司非常有貢獻了。

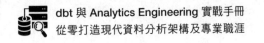

對應這兩種目的的評估方法：

1. **以 ROI 為目的的資料團隊**：最終指標會跟商業貢獻掛勾，因此資料團隊需要證明自己提出的洞察能幫助到產品、行銷、業務等各單位提升業績或效益。也可以說以 Outcome 為主，資料團隊做多少事（Output）不是最終考量。

2. **以 G&A 為目的的資料團隊**：則會以效率、產出品質及成本來評估，是以 Output 為主。

當然實務上，要完全用數字證明跟業績的掛勾是有難度的，並非所有指標都能追溯回去是哪個報表影響了哪個決策，可能光為了證明就花太多力氣。實務上比較可能是，其他團隊是否會將資料團隊的貢獻納入，是否會想爭取跟資料團隊合作。例如：頂台小籠包的店務部在成果報告上，會提到「感謝明宏跟我們一起制定店家類別，分析不同店家分類的商品銷售，進而發想及測試出各店家分類的銷售策略，是這次銷售成長一個重要的原因之一。」商品開發部聽到這個報告，就想知道這個分析結果，也想爭取明宏加入新產品開發。這樣的結果就會彰顯資料團隊的價值，讓管理階層想投資更多在資料上。

線上資源

 https://github.com/dbt-local-taipei/dbt-book-01/blob/main/chapter-10/10-03-01_resources.md

- Two ways of measuring data team value。

- What is data literacy。

● 10-4 如何思考及建立資料策略

建立資料團隊，考慮過目的跟如何評估成效後，開始要構想達到的策略。講到策略，一定要提到一本經典著作：《Good Strategy Bad Strategy》（好策略‧壞策略）。

從書中引用一小部分如下，你應該會對這很有感，尤其是對壞策略的形容，大概可以回想到過去某些經歷？！

策略的組成要件：

1. 要有診斷。

2. 要有指導方針。

3. 要有一系列行動。

如何看出這是個壞策略：

1. 打高空沒重點。

2. 沒有指出問題。

3. 只寫出目標就以為是策略。

4. 不切實際。

▎如何思考及建立一個好的資料策略呢？

這本書的作者 Richard Rumelt 提供許多心態、思考以及實際的方法，如何建立好策略，可以參考上方說明，在此就不贅述，直接提供一些案例跟經驗分享。

相信每個人都會設法根據手上的資訊及知識，做出最好的決定。而挑戰在於，要如何獲得非常全面的知識及資訊？其實一聽就知道這不太可能，因為沒有無限的時間跟資源，每次決策總是有個時間限制的。

當初明宏在頂台小籠包開始做資料，最大的挑戰是建立資料管道，確保資料清理乾淨且讓每個人都容易取得。評估後，決定採用 BigQuery+dbt+Metabase，接著串接各種資料源、討論如何建立及使用開發及正式環境、準備各種說明文件，以及提供教學分享等。

原本以為 Metabase 夠簡單，也馬上有同事會使用，後來才發現原來會使用的同事是喜歡擁抱新技術的少數人，多數人需要更完整、簡單的說明，以及更多成功案例後，才會開始採用。挑戰改變了，因此策略也得跟著調整：該如何提高全公司的資料素養？讓多數人也願意開始使用？

才發現導入資料文化，是打算改變眾人的行為，急不得，也不是提供一次教學就結束，這需要慢慢推動、觀察是否發生。因此，做了一連串的事情，先找接受的人開始合作、建立成功案例，調整合作方式、逐漸地加深合作關係，提供自動化服務等等。Ch11 會列出許多作法。

沒有完美的策略。是根據學習跟觀察，發現挑戰改變了，就不斷調整策略。

"A new strategy is, in the language of science, a hypothesis, and its implementation is an experiment." 如果用科學用語來說，新策略其實就是假設，而實踐策略則是實驗。

▎實用的操作手冊

你可能會希望有個簡單的操作手冊，可以照表操課就好。我們也很想有這種東西，但想強調，工具只是工具，使用需要根據不同的狀況調整。

還是回到 10-1 提到的：建立資料團隊時，

- 確認一下目標是什麼？為什麼公司需要一個資料團隊？

- 以及 10-3 提到，建立後打算如何評估資料團隊？

如果目標是希望提高公司的資料素養，Ch11 將提供許多方法，要記得評估面臨的狀況是什麼，誰是資料消費者？對目前的資料熟悉程度以及公司使用的各種工具的熟悉程度等。如果資料團隊的目標是營運，可能面臨問題是資料源很多、需求及技術難度較高等。

▍可以不要有策略嗎？

只有目標或願景是不夠的，我們需要一個如何做到的方法。"A good strategy hostly acknowledges the challenges being faced and provides approach to overcoming them." 好策略是誠實的揭露問題，並提供可能可以跨越挑戰的方法。策略會提供我們一個計畫，列出一系列的工作項目，彼此互相支援，知道哪些問題是已知，過程中累積遇到哪些原本不知道的問題。

重點是持續探索、討論、解決。而不是有個策略後就按表操課，不管途中遇到的狀況。

> **線上資源**
>
> https://github.com/dbt-local-taipei/dbt-book-01/blob/main/chapter-10/10-04-01_resources.md
>
> - Good Strategy Bad Strategy: The Difference and Why It Matters

● 10-5　Data Team 也是 Product team

剛成立資料團隊的時候，除了要釐清這個團隊的目的、各自的守備範圍，討論如何協作也很重要。就像產品開發流程一樣，應該要制定一套規矩。雖然跟產品團隊開發產品或功能不同，但資料團隊開發的 data models、dashboards 也是 Data Products（資料產品）。

跟產品開發一樣可以區分 Discovery 及 Delivery：

- **Discovery**：決定要做什麼。

- **Delivery**：做出來。

雖然經常會有 ad hoc 的資料需求，但資料團隊不只希望產出一次性的報表。資料分析師應該要跟需求方多討論，理解他提出需求背後的理由、想解決的問題或想達成的理想，這其實就是 Discovery 階段。接下來，Data Analyst 釐清之後，再產出可解決問題的 Data products，不一定完全依照需求方開的解法，可以是或甚至應該會更好的解決問題。

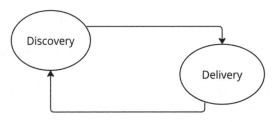

圖 10-9　Discovery 與 Delivery 無限循環

不會只是依照需求開了 X 欄位就直接提供，可以挖深一點，好奇的問：「你為什麼需要這個資料？你想參考這些資料來做什麼決定？或這些資料可以回答你什麼問題？」這些提問是為了更完整理解對方遇到的挑戰，去釐清問題，而不是一開始就跳入如何提供報表，要哪些欄位。

- 建議思考每個成員的專長並提供訓練。一個有技術背景的 Data Analyst 會比較擅長思考資料架構，通常 SQL 能力也好，因此非常適合做 Delivery。反過來，如果是商業背景的 Data Analyst 可能會對商業問題比較熟悉，較容易同理需求方，因此就很適合做 Discovery。

- 當然也不只專長，問問他們本身的學習意願，做自己擅長的事情很好，但也許他想學習或嘗試另外一項技能。

- 持續學習跟提供學習環境、資源是很重要的。可以有 problem-solving workshops、brainstorming sessions，以及每週 retrospectives 來練習，有很多種 problem-solving 的作法。不管你找哪個 framework，不約而同都會告訴你，解決問題最重要是，不要一開始就跳進去解法，應該先把問題弄清楚。

通常，資料消費者其實是想回答問題或者尋求洞察。他們對自己遇到的困難是清楚的，但不一定知道要哪些資料，對資料團隊提需求以為只能要資料，因此資料團隊如果能跟需求方討論、協作，結合兩邊的專業，通常可以有更好的解法。

期待的資料產品開發流程如下：

● 挖掘問題。

● 討論解法。

● 提供及驗證解法是否有解決問題。

希望讓資料消費者、需求方知道，資料團隊不只是提供報表而已，而是能夠一起解決問題。

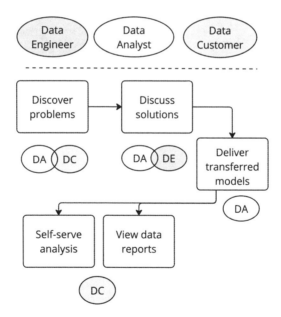

圖 10-10　資料產品開發流程

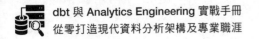

線上資源

https://github.com/dbt-local-taipei/dbt-book-01/blob/main/
chapter-10/10-05-01_resources.md

- 其他資料人也有類似的期待：
  - Hello Product Data Team. Goodbye ad hoc Work
  - Run your Data Team like a product team
- Data Product Production，推薦 Benn 的 Thoughts on Production 好文值得一讀。
- 釐清 Data 需求的方法：An Intake Form for Data Requests。
- Problem-solving frameworks：
  - Continuous Discovery Habits
  - Cracked it
  - 8 Steps to Problem-Solving from McKinsey

發展資料文化

上一章討論建立資料團隊前，應該要確認目的，是為了 G&A 日常營運或者 ROI 商業利益。但不管哪一種，都希望公司是重視資料的，在日常營運中多多採用資料，這就是資料團隊建立的核心任務之一：發展公司的資料文化。

資料文化的面向很廣，包含大家如何溝通資料、採用資料、使用資料的習慣、更新及紀錄資料的方式等等。讓我們來聊聊資料文化。

● 11-1 如何提升資料素養？為什麼？

資料素養（Data Literacy）是指解讀、理解、將資料轉化為資訊及溝通資料的能力。

簡單來說，當人家討論時，原本是說「我覺得⋯」或「老闆說⋯」漸漸變成加上數字的「資料看來⋯」。例如：頂台小籠包的生鮮物流運送食材發現問題時說「最近有很多物流司機提到這件事，我覺得應該要討論一下」，轉變成「最近 3 周內有 20 位司機提到這個問題，值得我們注意，希望下一次週會來討論這個問題根源。」這樣就是自然地將資料帶入工作中。

▌為什麼要提升資料素養？

一開始建立資料團隊，可能是為了滿足公司的資料需求。但反過來，也可以說希望有資料團隊之後，能讓公司有更多運用資料的機會，更準確的說法就是希望提昇資料素養，在日常工作中帶入資料。

🗄 更好的收益

已經許多研究證明，一個資料素養高的公司比起同業有更好的營收表現。這也是公司高層會支持建立資料團隊的主要原因。

🗄 認可資料團隊的貢獻

當同事們都理解資料帶來的好處，也代表他們認可資料團隊的貢獻。例如：
2-4 提到，店務部跟明宏討論後，一起定義商圈跟店家這兩個新維度，讓店務部
進一步釐清下一季要開發或調整的品項。建立出這樣的資料關係，雖然不是找到
公式，知道某品項 x 某商圈維度就會其他商圈熱賣 10%，但至少知道分析資料是
有意義的，對銷售有正面幫助。

🗄 為資料團隊提供動力

資料不只是資料團隊的事，更是每個人的事。資料團隊提供資料給同事們，
不只是提供完報表而已，其實更在意這些報表是否回答了商業問題、是否協助同
事們做決策、是否幫助到產品。當廚師想要看小籠包銷量跟商圈、店面的關係，
他考量的不只是好吃而已，也在意客人的屬性、用餐安排、目的等等。

▌如何提升資料素養？

先了解公司目前的資料素養在哪個程度。可使用一些工具，例如：到 Data
Maturity Assessment 回答問題後，可以拿到一個全面性的分數（1-10 分），並指
出你的組織在 Purpose、Practice、People 三個維度上的分數供你參考。也可以
就簡單的在跟同事們互動、觀察他們怎麼使用資料，例如：

- **當談到資料的時候，是用很籠統的描述**，例如：增加很多、大概是沒變；或
  者用精確的數字，例如：增加 20%。

- **重要的指標定義**，例如：營收或者來店人數，是否全公司都有相同的理解？

- 在會議中是否經常引用到數字？

觀察這些就可以感覺到目前公司的資料素養，也會讓你知道該如何進行下一
步。

🗄 重要心態

1. **觀察現況並保持耐性**：資料素養，就像其他任何「素養」一樣，急不得的。不像考試可以背答案過關。素養是一種行為上的實踐，潛移默化是主要提升素養的方式。任何行為改變都需要時間，更不用說我們要改變的是整個組織的行為。所以要觀察同事們的狀況，行為調整的如何、漸進式的慢慢提升，保持信心跟耐性。

2. **不要當 Data ATM**：期待資料團隊不要落入交付需求而已的陷阱，而是能進一步利用資料提供價值。

3. **信任是合作的基石**：信任無法要求，只能慢慢累積等待給予，但可以展現值得被信任的行為。

🗄 實際作法

提升資料素養就像跑馬拉松，是長期抗戰，甚至沒有終點。在此提供幾個實際作法，希望能對你有幫助：

- **了解現況及挖掘需求**

  - 10-3 強調 Data team 也是 Product team。提供 Data product 前，需要做 Discovery 去觀察其他部門在幹嘛、他們為什麼需要資料，想像並討論資料可以為他們帶來的幫助。不是要強迫大家使用資料，而是讓資料真的對大家工作上有幫助。

  - 11-6 會說明在計算指標之前，先確保定義一致，用這個方法來了解現況，也順便挖掘需求。

- **共同目標**：協作真的很重要。雖然資料團隊的建立通常是因為老闆決策，但採用資料不該是一種義務或規定。期待資料團隊對商業價值有幫助，讓各團隊因為如此而主動爭取資料團隊支援。

- **分享 Show and Tell**：鼓勵非資料團隊的成員分享他們採用資料後的成果。實際案例及影響才是最能打動人的。

- **提供訓練**：想要讓團隊討論時，能清楚引用資料，資料團隊應該要提供足夠的知識、技能，除了資料相關之外，如何分析，挖掘問題，並考慮系統性的解法也很重要。

線上資源

 https://github.com/dbt-local-taipei/dbt-book-01/blob/main/chapter-11/11-01-01_resources.md

- Data Literacy：資料素養。

- 研究顯示，採用數據決策的公司獲利比同業高。

- Data Maturity Assessment：是一個評分工具，用來評估組織在資料成熟度旅程中的當前階段。它涵蓋「Purpose 目標」、「Practice 實踐」和「People 人員」三個維度，幫助組織理解資料使用策略、實踐方法和人員配置情況，並提供相關資源和工具來推動數據能力的提升。

11-2 觀察現況並保持耐性

　　記得資料素養是指解讀、理解、將資料轉化為資訊及溝通資料的能力嗎？仔細想想，這是要求大家改變過去的行為，例如：要求大家溝通時，把數字說清楚，不要再講「我覺得…」。

改變行為超困難

　　生活化的例子可能較多人有感的是減肥，雖然知道只要製造熱量赤字，吃進的熱量比消耗的熱量少就可以，但就超難做到。而且也不是一天或一週的熱量赤字就會減，需要 7,700 大卡才能少一公斤，也不是說你就 4 天（假設一個成人

TDEE（Total Daily Energy Expenditure）身體一整天所消耗掉的熱量大約是一天 2,000 大卡）都不吃，就會少一公斤，太不健康。就算真的這樣減下來一公斤，也滿容易復胖，只要一恢復原本的飲食生活習慣就會回來。到底該怎麼辦呢？維持健康的生活習慣：控制飲食、規律運動、好好休息，簡單卻很難做到，難怪健身產業估值到 2032 年就會達到 532.5 億美金。

建立習慣，不管是聽起來很簡單的多喝水、記得每小時放鬆眼睛看遠的地方，或者說正面的話，都超難。改變自己的行為就這麼難了，更何況想要改變多人的行為。

自己埋頭苦幹總是會踩坑。以為開始推動資料、建立好 ELT 就會一切發展順利，忽略了要觀察現況，保持耐性逐步推進。開始看到兩個同事很快上手自助建立報表後，就以為這 BI 工具很簡單，其他人也可以很快上手。沒想到多數人都只是從 BI 工具下載報表，一樣回到他們習慣的 Excel，跟過去他們從其他後台設法下載資料沒有差別。

改變的過程中，需要觀察每個人開始的程度、改變的程度，一定是逐步、漸漸地改變，不要期待所有人的改變程度都一樣，也不用期待每個人都可以改變。

轉型手冊

既然是要改變，想到可以參考讓所有人不得不想如何因應改變、擁抱改變：AI。

世界級的 AI 專家 Andrew Ng 早在 2023 這波 ChatGPT 大浪之前的 2018 年就提供了 AI 轉型手冊，還有個完整課程 AI for Everyone。

AI Transformation Playbook：

1. Execute pilot project to gain momentum

2. Build an in-house AI team

3. Product broad AI training

4. Develop an AI strategy

5. Develop internal and external communications

參考大師手冊對應資料文化的推動：

1. 做些嘗試來啟動→做些嘗試，例如：先從部分資料、小專案開始嘗試。

2. 建構內部 AI 團隊→開始建構資料團隊。

3. 提供 AI 教學→提供 Data 教學，說明資料源、更新時間、資料定義等等。

4. 發展 AI 策略→確認資料團隊目標，注意該有的心態及討論實踐作法。

5. 發展內部及外部溝通方式→發展資料人與其他人協作的方法。

　　站在巨人的肩膀上參考大師手法非常有幫助。大師也是建議從小地方開始，逐步的擴大及觀察整個團隊是否跟上才往下一步推薦。

▎觀察現況

　　不要躁進。要觀察每次推動時，同事們的接受程度及反應，要理解每個人使用資料的能力是否到位，也不用期待可以直線的順利提升每個人的資料素養。盡量找到適合的時機，考慮問題、參與人員的能力及時程的期待等等。就像明宏的資料分析，也是先從他最熟悉的店務內容、熟悉且取得信任的其他店長開始，才往下一個部門推廣。

線上資源

https://github.com/dbt-local-taipei/dbt-book-01/blob/main/chapter-11/11-02-01_resources.md

* Andrew Ng 早在 2018 年就提供了 AI 轉型手冊。

* Andrew Ng 的 AI for Everyone。

● 11-3 不要當 Data ATM

在 10-1 提到資料團隊多半從中央集權開始，希望由資料團隊完成 ELT 後，能夠提供系統化的分析方式以及專業的資料諮詢服務。但要小心不要掉入這個陷阱：Data ATM！

在 10-3 鼓勵 Data Team 也是 Product team，真正提供使用者價值。當同事們提出需求：「幫我分析 X，所以我可以做出 Y 決策，這可能會對 A 產品成長有顯著的影響。」聽到這樣描述，當然感受到這個分析是很重要且有點著急，於是你熬夜加班的在 3 天內提供這個分析。接著，又收到另外一個聽起來很重要且著急的需求。一個月後，你才有空回想到，那當時提供分析後，到底有沒有幫助到 A 產品的成長呢？一年後，你已經協助了無數個重要又著急的需求，整個一年都超級忙碌。你可能沒發現自己已經掉入 Data ATM 的陷阱。你希望幫助同事們，卻都不知道結果，只是不斷的回應需求，長久下來會失去工作動力。

有幾位資料人問：「想要轉職成為 PM，該怎麼做？」接著回問他們，「為什麼想要轉職？」通常其實他想解決的是，身為 Data Analyst 影響力不夠，沒有話語權，提出的分析建議卻沒有被採納，或者對方只是想看看而已。因此覺得成為 PM 就有話語權，可以不只提出建議還能推動改變。只好告訴他們，沒有這麼美好，不是身為 PM 就說話比較大聲。

▌蓋一個 Data ATM

資料團隊通常沒有足夠的資源可以協助所有部門、產品的所有資料需求。提供自助服務可以有效的降低這個負擔。不想自己成為 Data ATM 只是交付分析報告，但可以建造一個 Data ATM 給同事們使用。讓他們可以自己產生報表、調整分析角度，再深入一點探索他們的資料問題。

而且，這對於提升資料素養是非常好的方法。提供 BI 工具，教大家如何使用，可以讓更多人知道如何查看、理解、建立以及採用資料。

如何評估 BI 工具

通常環境是第一個考量，看多數的資料消費者是 Macs 或 Windows 電腦，如果你的資料消費者都是 Windows 那就用 Power BI 吧。再來是考慮預算，看要用付費工具或者要找 open source 產品，例如：在新創公司沒什麼預算，就會直接往 open source 找。最後，要參考目前的資料消費者最熟悉什麼樣的方式，他們都用 Excel 或者有在第三方操作後台看資料等。先用排除法，依據前兩個考量，排除不適合的 BI 工具，最後再深入評估剩下的工具。

BI 工具推薦

- Power BI 是給 Windows 使用者。

- Tableau 通常是預算較夠，且比較大型的公司。

- Looker 也是給預算充分的公司。（一直待在新創就沒機會用！）

- 不過，Looker Studio 是免費的，也提供很不錯的設計跟功能，滿適合想要美麗報表的。

- Redash 也有很多支持者，但官方已在 2021 年停止託管服務，開源專案也改為社群維護。

- Superset，聽說習慣 Tableau 的使用者覺得很直覺。

- Rows 是一個很 spreadsheet-driven 的付費產品。

- Mode 在 2023/6/26 被 Thoughtspot 買下。Mode 是針對給 Data Analysts 用的 SQL 分析工具，而 Thoughtspot 則是想用自然語言讓不熟悉 SQL 的資料使用者也可以分析資料。這兩個產品做法超級不同，但殊途同歸，這個合併會產生什麼火花滿令人期待的。

- Lightdash 是在 dbt 社群超級推薦的 open source 工具。

- 提一下另外一種類型的做法 Deepnote，這滿像是可以寫 SQL 的 Notion。

- 最後，本書舉例使用的 Metabase，它操作的介面滿直覺的，一般的使用者應該都滿好上手。也有強大的權限管理，可以做到比較細膩的權限設定。

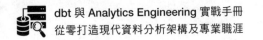

先打個預防針

當你準備好 BI 工具也提供教學使用，不要期待大家就會經常性的每天或每週的去看資料。資料分析不是他們主要的工作，他們看資料是為了要回答問題或者幫助決策。假設所有事情都超完美，沒事發生，活躍使用者不斷成長、營收漂亮，那同事們應該不用去看資料，而是專注在他們自身的工作上。

通常需要看資料是為了監測確保沒事，或者遇到問題想要找答案。Automation（自動化）很適合監測。讓資料消費者不用每週或每天上來看資料，等需要再來就好。11-8 會再介紹如何善用 BI。

線上資源

 https://github.com/dbt-local-taipei/dbt-book-01/blob/main/
chapter-11/11-03-01_resources.md

- Data ATM 是從 Tom Sung 那邊學到的。他在 FB 發過一篇「數據分析師會走向泡沫化嗎？」提到大多數的公司是將資料團隊視為後勤，並沒有真的要推動數據驅動文化。這篇文章被分享超過 800 多次，當時支持與反對這個論點的意見都熱烈討論。

- 提到的 BI 工具網站：

  - Power BI：https://powerbi.microsoft.com/

  - Tableau：https://www.tableau.com/

  - Looker：https://cloud.google.com/looker

  - Looker Studio：https://lookerstudio.google.com/

  - Redash：https://redash.io/

  - Superset：https://superset.apache.org/

- Rows：https://rows.com/

- Mode：https://mode.com/

- Thoughtspot：https://thoughtspot.com/

- Lightdash：https://www.lightdash.com/

- Deepnote：https://deepnote.com/

- Metabase：https://www.metabase.com/

- Thoughtspot 買下 Mode 的新聞

● 11-4 信任是合作的基石

　　希望提升資料採用，很重要的前提是「信任」。除了資料團隊提供的資料，品質要求要夠高，正確無誤，資料團隊本身也要取得其他部門的信任。

　　人性本善，認識一個人的時候，會給予基本的信任，預設是相信對方的。身為資料團隊要如何取得信任，就像人會如何相信別人一樣，拆解幾個會增加信任的行為：

- 信守承諾

- 言行一致

- 人前人後一個樣

　　應用到資料團隊要展現這些行為，取得信任呢？

- 說到做到

- 開誠布公

- 一視同仁

資料希望能 Empower（賦能），不是 Break（破壞）

我們希望能將資料整合進工作流程中，讓大家參考資料而做出更好的決策，這個過程中會先挖掘過去如何使用資料，進而改善、調整。請留意，這個過程不是要指正誰的錯，或者責怪過去為何要這樣手工處理資料，指責一堆混亂不明的指標。

「We expect to change it. We never expected it to be right.」一開始就預期會不斷改變、越做越好，從沒想過會第一次就做對。

想像當達文西在畫蒙娜麗莎的時候，有畫過畫的人應該會想像是這樣：

圖 11-1　Drawing Mona Lisa

是不是有些人以為是這樣畫出來的呢？

圖 11-2　Printing Mona Lisa

在創作一開始，通常很難知道成品會長怎樣，然後就像電腦製圖一樣輸出。就如何我們學習成長的過程，總是向前看，該如何改進、做得更好？而不是往回看過去的錯誤跟停留在懊惱、責怪。希望我們能打造一同協作、成長思維的文化！

▎開誠布公地分享

分享應該是資料團隊的習慣。得讓大家知道資料源是如何取得、更新頻率以及重要指標是如何計算。公開這些會養成大家：

- 知道哪些指標可能不是很一致，需要再討論。

- 理解為何指標定義很重要。

- 資料品質可能會如何影響日常工作。

不是等到所有資料都完美才公開，從來不可能一次就整理好所有指標。因此，公開資訊後，可以讓大家知道逐步會被改善、也才能一起看到哪些地方需要協助、哪些人員需要提供教育訓練。理解不是每個人都會立刻開始採納資料，先公開後，讓大家看到現在 Data 的階段以及每個同事在工作上是否準備好可以採納，就會知道該如何逐一採取行動。

該如何有效分享？

1. **建立 How-To 文件**：提供很多文件都用「How-To」開頭，這應該是滿多人 Google 的起手式，讓大家養成習慣，在內部文件想查該怎麼做的時候就用 How 開始搜尋。

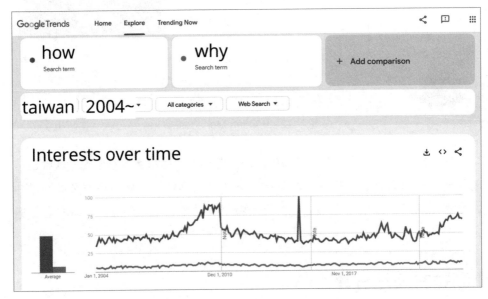

圖 11-3　"How" vs "Why"

2. **分析報告**：主動提供分析報告，不用等任何單位提需求，例如：依商圈分類 的熱門品項 2024/9/1 分析報告，並將報告都累積在同一個地方，讓有興趣 的人可以查找。

3. **主動分享**：主動開不定期的分享會議，形式可能在午餐時間或傍晚，讓大家 邊吃飯邊聽那種輕鬆的環節，少於 40 人的小公司甚至可以邀請全公司的人 自由參加，事先提供議程、對參加者的建議，例如：對依商圈分類有興趣的 人歡迎參加，以及事後提供錄影及分享內容文件。

4. **溝通管道**：開一個 Slack channel 作為公告資料相關事情、分享報告、分享會議邀請等等，讓大家習慣什麼事情都到這邊就對了。

- 在 dbt meetup #17 幫你優，開發 PaGamO 的公司，建立「資料診所」，規定門診時間，安排同事來看診，相當有趣也非常有效。

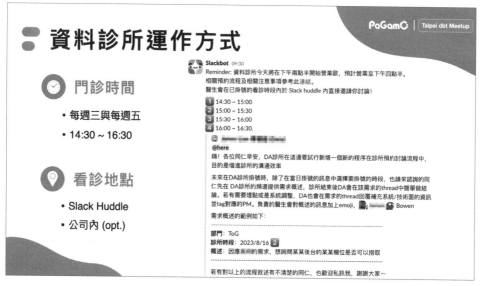

圖 11-4　PaGamO 資料診所運作方式

隨著跟其他單位的合作，會漸漸理解每個人的資料素養，是否該說明更多、提供教學，或者可以討論更進階的問題，甚至讓對方自己動手做。

信任要等別人給予，無法要求

信任不是平白無故得來的，必須要做很多事情去獲得。從共同目標跟公開分享開始，創造一個環境來幫助其他人，其實最能幫助自己。

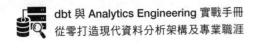

線上資源

 https://github.com/dbt-local-taipei/dbt-book-01/blob/main/
chapter-11/11-04-01_resources.md

- 舉例提到的蒙娜麗莎的微笑，請參考 Jeff Patton 的 Don't Know What I Want, But I Know How to Get It。相當推薦大師 Jeff Patton，他在產品領域的成就不可言喻，而且非常無私又富有個人風格的將一切分享在他個人網站上。

- 幫助他人，其實最能幫助自己。推薦這本人生聖經《How Adam Smith Can Change Your Life: An Unexpected Guide to Human Nature and Happiness》，中文書名為《你可以自私自利，同時當個好人》。

  - 是作者 Russ Roberts 解釋經濟學之父亞當史密斯比較不為人知的另外一本巨作《The Theory of Moral Sentiments》。

- 在 dbt meetup #17 幫你優公司的資料診所分享錄影。

● 11-5 製造小勝利以利發展資料文化

　　如何提升資料素養，是個漸進式的過程，剛做完什麼就想觀察資料素養提升的狀態，很難馬上有收穫。為了鼓勵這個文化，有個小技巧，可以使用慶祝的方式來強化。

▌善用強化

　　什麼是 Reinforcement（強化），Reinforcement learning from Human Feedback（RLHF），2023 年因為 ChatGPT 很紅的一個技術。

「Reinforcement theory suggests that behavior will continue at a certain frequency depending on whether the outcomes are pleasant or unpleasant.」強化理論認為,行為會因為結果的好壞而被增強。

這滿貼近人性的,應該直覺好懂。例如:一個男生送花給女生,收到花的女生開心微笑。下次想要女生開心,男生就知道要送花。在工作上運用這個道理。創造一些小小的成功,跟同事們慶祝這個小勝利,鼓勵對方,也是鼓勵這個行為再次發生。

▌怎麼製造小勝利呢?

利用產生好結果,來鼓勵 Data informed 行為以及增加大家對這個價值的認同感。可以先從小地方開始著手。

辨識或觀察哪些地方適合製造小勝利:

- 確保資料消費者與資料團隊的合作關係,最好有以下特質:
  - 資料消費者對數字很有熟悉。
  - 資料團隊成員對這個領域,例如:行銷,具備相關知識。
  - 例如:店務人員因為每天都在看結帳單,對營收數字很熟,而搭配的 Data Analyst 也待過門市或者對於店家資料很熟。這樣的搭配就比較容易成功。
- 選擇簡單,但較容易產生價值的任務。例如:發現店長每週花 5 小時肉眼比對結帳單時間,來看人流、出菜的關係,改為由資料團隊提供營收跟時間的分析報表就可以將 5 小時節省成 5 分鐘。
- 之前就準備好資料,例如:為了計算認列營收,就已經將訂單資料整理好了,希望提供訂單報表就可以 10 分鐘內提供。

圖 11-5　So fast

慶祝是一種強化

慶祝，其實不只是為了目標達成而慶祝。慶祝本身就是一個強化行為，鼓勵大家有做到某些行為。所以慶祝的時候，除了任務順利完成之外，也要提到哪些讓任務順利完成的行為，要鼓勵的是行為。通常大家也希望被讚美的時候，不只說被稱讚說：好棒，具體的描述好棒的行為是什麼，會讓這個讚美更真實有意義。即便最終結果不如預期，也可以慶祝過程中的學習，哪些行為是很棒的，哪些行為發現需要改善，這也是很棒的慶祝！

就像搜集試用心得一樣。慶祝的時候，鼓勵資料消費者分享他們的成功經驗，做了什麼、怎麼使用資料，跟過去有什麼不同而造成這個勝利，這些詳細又生動的描述，更能鼓勵其他資料消費者也來嘗試。再延伸一個小技巧，這種慶祝要讓資料消費者來講，資料團隊自己講總是老王賣瓜，讓別人來講更有說服力，也多了一個幫忙推廣資料文化的夥伴。

準備一些輕鬆的會議一同慶祝。可能是在 TGIF（Thank God It's Friday，每週輕鬆回顧的會議）上，借用 10 分鐘分享，或者由資料團隊約個 30 分鐘的分享會議。只要確保議程清楚簡單，大家不需要準備就可以獲得新知，創造一些環境讓資料消費者可以輕鬆簡單的分享他們的真實經驗。

也是為了推動資料文化

打造一個 Data Informed 文化其實也是要打造學習型組織。要透過大大小小的勝利才能做到。鼓勵分享踩坑經驗、之後如何避雷,都是強調持續學習跟成長。

這也是 dbt Labs 的願景,希望讓資料人可以創造並累積組織的知識。

「dbt Labs is on a mission to empower data practitioners to create and disseminate organizational knowledge.」

線上資源

https://github.com/dbt-local-taipei/dbt-book-01/blob/main/chapter-11/11-05-01_resources.md

- Reinforcement learning from Human Feedback (RLHF)。

- 不要錯過 Tristan,dbt Labs 的共同創辦人在 Coalesce 2022 的開幕演講,說明 dbt Labs 的願景,非常精彩。

● 11-6 在計算指標之前,先確保定義一致

補充通常起手式很容易遇到的問題,給大家一點心理準備。

你的數字跟我的不一樣

不要著急馬上想把商業邏輯寫進 dbt models,先花點時間開始跟不同團隊釐清重要指標。你可能會意外的發現,有些重要指標大家都講這麼多年了,背後的計算邏輯居然不一樣?!

「營收」在 Coalesce 2022 是經典案例，好幾場演講被提到，台下觀眾就一起翻白眼，大家都很有感。當業務團隊提到營收，通常他們指的是訂單金額；而財務團隊提到的營收，通常是指會計上可以認列為營收的金額。還不用細談時區差異、每週是哪一天起算、或者稅前稅後，就已經發現有這麼大不同。

如果你提供的資料跟商業團隊每天看到的數字不相符，他們會覺得你的數字有問題，「這數字怪怪的，怎麼跟我過去看得不一樣」，這樣就很難讓他們建立對資料的信任感，而你也得一天到晚去比對兩邊數字倒底哪裡有差異。「嘿，可以給我看一下你的 Excel 嗎？」看公式才能知道他計算資料的邏輯。

頂台小籠包之前跨部門都會看營收數字，結果明宏開始接手才發現，店務的營收是含稅的總結帳單金額，老闆看的是未稅總金額，然後財務看的是稅前認列營收。開了一次落落長的會議讓三方爭辯到底要用哪個營收，為何訂單金額、營收、收入不一樣。這些名詞都很普通，但有些有嚴謹的財務定義，有些沒有。

有時候不只是計算方式造成的，也可能是一些資料的技術處理問題。例如：兩條 pipelines 分別處理 streaming（即時）資料跟 batch（批次）資料，可能會因時間差造成處理後的資料數字不同，再往下計算指標當然也會不同。

▍如何啟動討論？

假設頂台小籠包一天有 50 多萬的來店客人，各部門多半不會仔細地計較數字，就都說 50 多萬。但對資料團隊來說，得要知道這 50 多萬是哪算出來的，為什麼店務是說 537,203 為 50 多萬，而財務是說 502,302 為 50 多萬。

- 指出事實。資料團隊不太可能挖掘每個差異，但至少發現的時候要提出來，尤其當這個差異是有重要影響的時候，例如：財務營收是連 100 元的差異都無法接受的。如果大家都同意有 50 多萬來店客人，幾千個人的差異可能還好，但是當我們要用這 50 多萬人開始切族群，需要資料更精準時，就可能會出問題。

- 問大家數字是怎麼來的。在還沒有資料團隊之前，公司還是照樣營運，因此各部門有自己一套方法生出數字，可能是參考業界標準、自家系統的數字或

者第三方等等。通常，自家系統計算來店客人數大概不可能跟第三方系統計算出來的來店客人數完全一樣，再加上如果不同團隊的來店客人數計算來源不同，數字也會不同。

- 鼓勵溝通。協助不同部門開啟對話，分享他們個別怎麼看資料，解釋數字從哪來，通常如此就可以發現彼此的差異，會自然的開始詢問對方、討論原因。

- 持續學習。發現資料差異是滿重要的，若上游就有差，那下游更不用說。例如：店務用來店人數 537,203 是 30 分鐘內的不重複人次計算，財務用來店人數 502,302 是以 60 分鐘內的不重複人次計算，用不同的來店人數來預估點餐、食材準備等等就會有很大的落差。

此時資料團隊得與資料消費者討論後，決定要抹平差異，還是要接受差異，分開使用。例如：店務計算是為了在每家店門口將人次公開，可以用來辦活動，像是某家店來店人達標 10,000 人慶祝等，因此希望盡可能合理地將數字放大，而採用 30 分鐘排除重複進出客人，而財務用來店人數是為了合理計算每個用餐時段內的人流，因此採用 60 分鐘，知道原因後，大家再一起討論是否要統一使用一種來店人數，或者維持分開使用，取不同名稱以方便辨識。你會發現了解差異後的討論、決策過程也很重要，是有滿多考量的。建議要紀錄決策的原因及考量，讓後續同事可以參考，也讓之後時空變化，可以再回頭檢視當初的考量是否要改變。

▎寫文件很重要

資料團隊希望展示的圖表簡單好懂，讓看的人一下子就抓到重點，不希望收到報表的人還要花時間去釐清跟分析，或者讓數字呈現太艱澀難懂。當然資料消費者還是得對資料有基本認識，要取得一個平衡。簡化跟統一各種定義或者要在資料上顯示定應不同，例如：你會希望讓全公司看到的「營收」數字都一樣，還是要用不同定義給「業務營收」、「財務營收」？

11-5 提到的「How-To」系列，將各種 How To 都放這裡，讓大家養成習慣不知道什麼事情的時候就去哪邊找，例如：How To 查看營收報表？

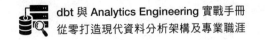

　　dbt 知道這個問題，也很重視 Documentation（文件化）且提供很方便的做法。只要去看 Documentation site（文件網站）就可以一目瞭然各種資料，寫資料的方式也很直覺，已在 4-3 說明。當然 Data Catalog（資料目錄）也有許多 open sources，例如：DataHub，或付費工具，例如：SelectStar。

線上資源

https://github.com/dbt-local-taipei/dbt-book-01/blob/main/chapter-11/11-06-01_resources.md

- DataHub：https://datahubproject.io/
- SelectStar：https://www.selectstar.com/

11-7 身為資料人，如何跟其他人協作

　　有個良好的心態以及知道如何開始之後，接下來需要知道如何與組織內的其他部門、同事合作，畢竟打造資料文化是需要其他人參與的，並非資料團隊說了算。

就像交朋友一樣

　　通常，當我們向整個組織介紹資料團隊的時候，大家得知道這個 Team 要幹嘛？該怎麼跟我們合作？合作不會在介紹完的隔天就開始的超順利，就像你剛認識一個新朋友，就算有預感你們會成為好朋友，也是會從淺淺的對話逐漸深入、從聊天開始到一起做些事情，組織合作也是一樣。

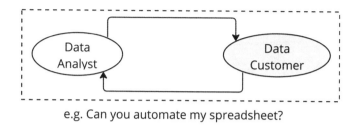

e.g. Can you automate my spreadsheet?

圖 11-6　剛開始協作

　　第一次合作會感覺有點距離，彼此都很客氣，就像初次見面的新朋友一樣。通常的合作內容會從如何協助對方原本既有的資料工作，例如：每週要從 X 的地方下載資料，然後花 Y 個時間在 Excel 內整理。雖著時間過去，這合作距離就會開始拉近。經過幾次「show and tell」互相展現跟了解的會議討論，我們會對對方的工作更熟悉、為何他要這樣整理資料，也會更清楚資料在他的工作中扮演什麼角色。

　　好的開始是成功的一半。利用這些討論，開始理解對方的資料素養，如何看資料？使用數字的假設跟概念是什麼？如何理解數字後做討論？在討論中如何描述資料的？等等。雖然一開始可能對方只知道資料團隊可以幫他串資料、自動化，不用氣餒，這是可以展現資料團隊價值的第一步。

▌「我的需求是這樣，可以嗎？」

　　資料團隊剛成立的第一兩季，其他團隊通常會在他們需求確定之後才來找。有時候，甚至會連表格欄位都決定好！這種談合作的方式，很像在對外包團隊開需求，但資料團隊明明是內部團隊。

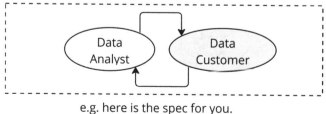

e.g. here is the spec for you.

圖 11-7　互相提需求

其實他們是好意。需求方認為這樣可以節省資料團隊的時間，甚至會認為自己都沒有準備就來提需求很沒禮貌，他們這樣做的目的是希望能更方便工作、能快速的提供成果。

聽到這樣的需求，至少代表了大家對於資料團隊的信任跟理解是增加的，知道資料團隊能做的不止串資料產報表而已。把握這個機會！更去深入理解大家的工作。

問問題！是一個可轉化這個方式的方法。「哇～你都把事情規劃好了，太厲害了吧～可以教我一下你是怎麼規劃的嗎？」開始問為什麼，去挖掘規劃思考的背後邏輯。去理解他這樣規劃的假設跟思考推理是什麼，他想解決的問題是什麼。資料團隊希望獲得的是問題，而不是已經想好的解法。因為他已經想好的解法只有一種，而事實上解法可能有很多種，資料團隊應該可以提供更多解法，並從眾多解法中說明好處、壞處跟大家一起評估。

不只是想提供更好的解法而已。這樣問的目的，也希望讓雙方有共同的目標。如果他的目標是解決問題，而資料團隊的目標是執行他要求的解法，那麼不一定在提供後，這個問題就可以被解決。但如果雙方有共同目標，就可以一起探索問題、假設跟更多解法，直到共同目標達成。

▌成為夥伴

最終的目標是希望能成為其他團隊的夥伴。在規劃事情的時候，就從資料角度提供建議，過去資料發現的洞察、可以搜集哪些資料進一步驗證假設、成功指標應該如何計算等等，可以共同目標成功的各種想法。

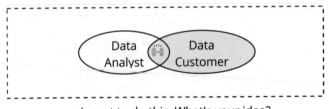

e.g. I want to do this. What's your idea?

圖 11-8　成為夥伴

就像友情會隨著時間加深，一起做過更多事情，就會從普通好友慢慢變成人生旅伴。同樣的，在公司內的合作關係也是，需要耐性、時間、各種事情慢慢磨合、加深合作關係。每一次的合作都會加深一點。關鍵在於要互相理解跟尊重，透過雙方的互動、分享，以及有共同目標一起努力。

可從一些對話中觀察到目前你跟其他部門的關係到哪：

- 「可以幫我自動化這張 Excel 嗎？」→還在讓認識階段。

- 「這是我的規劃……你覺得呢？有什麼建議」→在試水溫。

- 「我想做到這樣，你有什麼建議？」→視為夥伴。

線上資源

https://github.com/dbt-local-taipei/dbt-book-01/blob/main/chapter-11/11-07-01_resources.md

- The Data Business Partnership 這篇文章將這個觀念描述更清楚，也提供情境讓你判斷是否已經成為 Data Business Partner（DBP）。

● 11-8 善用 BI

在 11-3 建議不要當 Data ATM，而是打造一個，但也不是從此就幸福快樂。提供 BI 工具後，還需要提供教學、使用範例以及顧問服務。

發現有些資料人不太理解為何一定要將報表送上門，都已經有 BI 工具是不能自己查一下嗎？

想一下誰是資料消費者

誰會使用 BI 工具？有誰需要自助式的查詢跟做資料分析？為什麼他們需要這樣做？他們希望完成的事情是什麼？

- 主管通常希望看到一個比較 High level 的全貌，當他們需要看細節的時候，會有其他成員提供；或者主管只要在會議上發問，就會有人回答細節。越高層的主管越不需要自己動手操作 BI 工具。

- 準備報表的人，才是最會操作 BI 工具的。

自動化及定期更新報表

有個常見的需求是，定期自動更新報表，每天、每週，或每月。這不只是例行公事或者週會上的慣例議程，定期查看報表的目的是為了要對產品有個全貌，不希望大家自己腦補或者瞎子摸象。

這種情境，自動化報表是滿有幫助的。沒有人喜歡機械式每週花時間做一樣的事情。不喜歡的事情就交給程式，多數的 BI 工具也可以直接將報表用 email 或 slack 送給需要的人。

吸引注意

在看報表的時候，不尋常或奇怪的事情可能會吸引你的注意，例如：下表可以明顯看到第二天的來店人數較低：

圖 11-9　Sample Dashboard

　　提供圖表跟一些 highlight，眼尖的人可能會發現問題，但如果有問題才通知是不是更好？就不用等到每週、每月要看報表的時間才發現問題，可以盡快處理，節省時間跟資源。

　　定期報表的目的是為了檢視，是否有異常發生、是否有機會，讓平常埋頭做事的大家可以抬頭看一下全貌。

如何自動化？

　　多數的 BI 工具都有提供自動化功能，多半也都整合 email 及 Slack 通知。

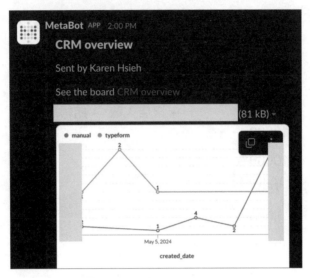

圖 11-10　Metabot Preview

有時候，自動通知就夠了

理想狀況，如果一切表現良好，穩定向上成長，其實不太需要做很多分析，這反而是好事。有時不要太失望，推出了 BI 工具但沒什麼人用。

資料分析的主要目標是希望挖掘可能性。不要太希望每個人都要會使用 BI 工具，沒事就檢查數字、深入分析。他們的工作太多了，要做好店務、財務或商品開發。雙方都有個現實的期待，也會讓工作氛圍更好。

資料團隊能提供的不只是自動化

反過來說，雖然有時候自動化就夠了，但身為資料團隊我們能提供更多價值，像是探索資料、用數字說故事，引起注意跟好奇等。

如 10-3 說的 Data Team 也是 Product team 以及 11-7 提到成為夥伴，同事就是你的資料消費者，既然消費者就在眼前，快跟他訪談吧。問問他面臨的挑戰、他需要資料做什麼決策、他在看什麼數字？怎麼看的？通常當你挖到問題，身為資料團隊，我們可以提供消費者想像不到的解法。

用資料儀表板來吸引注意

如果你有留意，其實儀表板就是一種 Data Product，也是一個很可以吸引大家注意力的方式。

明宏將每家店的銷售商品及商圈、店面分析投放在總公司的大電視上，整個公司的人進出都會看到。因為知道商品對店家營收有直接影響，店務部在調整品項時，會主動考慮商圈差異，採購部也會主動根據店家銷售狀況調整食材。突然間，因為投到電視上，「增加店家營收」變成焦點。就這麼簡單？！

當然一開始沒這個直覺。是因為公司的方向聚焦了，建立好 ETL 後，這些散落在不同部門的資訊才被整合，加上也宣導商圈、店面會吸引到哪些客人的相關知識，例如：特定口味的小籠包在某商圈類型銷售特別好，採購部會因此調整採購的食材，店務部也根據這些資訊調整營業時間和人力配置，提升服務效率。大家會去思考自己的工作如何「增加店家營收」，讓共同目標更聚焦。

將商業模式公式化

增加營收是一個滿直接清楚的案例，每家公司都重視，雖然其他商業模式可能比較錯綜複雜，但一樣可以利用儀表板聚焦，讓關鍵數字呈現在一起。也要簡化到夠清楚，讓看的人一眼就知道問題，大家理解共同問題也有共同目標，更能保持專注。

隱含在商業成果背後的策略是重點。只是提供數字不夠，還需一些可以引導觀察跟分析的觀點，分析觀點就會因為跟產業或產品商業模式不同，各有不同，例如：在銷售模式，營收已經是 Lagging Indicators（落後指標），可以用結帳單數或金額當作 Leading indicators（領先指標），還需要找到其他更領先的指標，可能會用換桌率、來店客數，或者食材剩餘數，這些感覺是滿直覺可以想到的。但你還需要更清楚的邏輯，清楚到能用公式來呈現：

- 店家營收＝結帳單數 × 平均結帳金額

- 結帳單數＝來店客人 × 點餐率

　　店家除了營收之外，還有其他可以觀察的重要指標。如下圖 11-11 儀表板的邏輯很清楚，從來店人數開始、點餐率、結帳單數、平均訂單金額、到營業額，即便沒有放個公式在上面，你可以看得出這些數字之間的關係。

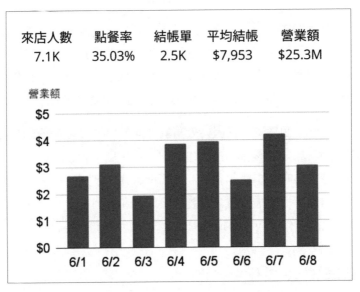

圖 11-11　Sample Dashboard #2

▌簡化策略

　　在儀表板上呈現數據，是希望讓團隊聚焦，因此要確保團隊看得懂這個儀表板背後的邏輯。聚焦之後，大家會有共同目標，就可以對個別團隊有個別要求，但同時理解這些個別要求會如何貢獻在共同目標：營收，例如：要求產品團隊設法增加結帳過程的完成率，要求業務團隊增加平均訂單金額。

　　公式其實代表商業策略跟假設。例如：如果覺得成交率離產業標準還有一段距離，就會想再提升，或者認為以目標客戶的口袋深度，應該可以再提高結帳單金額，這也是一種策略。如果採用的是低價策略，那就不會想要提高結帳單金額，而可能改去提高來店人數。

　　簡單才困難。像 Bezos 可以在餐巾紙上畫出 Amazon Flywheel，從這個策略開始成就 Amazon 這個跨國企業。

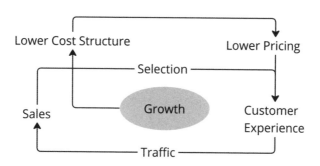

圖 11-12　The Amazing Flywheel Effect

介紹 Amazon 工作方式的書《Working Backwards》，在第六章〈Metrics: Manage Your Inputs, Not Your Outputs〉說明類似觀念，作者提到 Amazon 的 WBR（Weekly Business Review）要看超多資料，也是建立在大家對於商業模式已經瞭然於胸，才能集體一起討論更多深入的問題。

█ 這還在資料團隊的工作範圍內嗎？

用問題來回答你：參考 10-3 如何評估資料團隊，身為資料團隊，你希望如何被衡量價值？是 G&A 營運，或者 ROI 商業價值？更重要的是，你希望加入哪一種資料團隊？

線上資源

https://github.com/dbt-local-taipei/dbt-book-01/blob/main/chapter-11/11-08-01_resources.md

- 有關使用者訪談，建議問上次實際發生的問題，請參考 Why You Are Asking the Wrong Customer Interview Questions。

- 推薦去玩玩看 Lightdash 的 live demo dashboard。

- 可以參考 Looker Studio Gallery 有提供滿多 Dashboard 模板。

- Amazon Flywheel：Amazon 飛輪理論。

- 大力推薦這本《Working Backwards》，介紹 Amazon 的工作特色。

● 11-9 想達到的理想世界

本書鼓吹資料團隊應該要對商業價值有貢獻，並且提供嘗試或想嘗試的方法。並不是已經做到，來分享怎麼做會成功，比較像是很希望可以做到，覺得開始寫、公開出來，可能會引起一些共鳴，找到同好來交流，希望你也有興趣。

▌什麼是 Outcome Map?

在 11-8 提到利用儀表板來呈現商業結果及背後的邏輯，其實就會需要深入討論指標跟策略。而在這些討論的時候，會自然發現有 Decision tree（決策樹）的概念：

Decision tree 的概念被廣泛應用在解決問題上。Teresa 發明「Opportunity Solution Tree」以及參考 Hope Gurion 這篇「Empower product teams with product outcomes, not business outcomes」，本書將這個概念叫做 Outcome map 來跟大家說明：

（其實是一樣的觀念，但發現用 Opportunity Solution Tree 別人比較難懂，直白講 Outcome 就比較容易懂？！）

- **Business Outcome**：這是落後指標，最常見的是營收或成長數量。

- **Product Outcome**：這是領先指標，也是產品團隊較能掌握的；產品團隊應該要能知道哪些行為改變可以影響到 business outcome，且是產品團隊可以做到的。

- **Traction Metric**：這是某個功能的相關數字。

▎為什麼要區別 Traction Metric 跟 Product Outcome？

因為解法很多種。假設想降低獲客成本，可以降低廣告投入，也可以減少服務人力，單看廣告收入降低了多少或者減少服務人力到多少，都只是單一解法的觀察數字（Traction Metric），重點是有沒有降低獲客成本，這才是 Product Outcome。

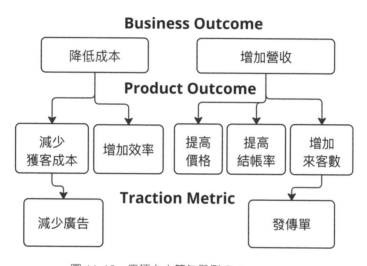

圖 11-13　用頂台小籠包舉例 Outcome map

▎資料界也談 Money Tree

有幾位資料人也談到相似的概念，像是 Ryan Foley 的「Money Tree」以及 Benn 在 Coalesce 2022 發表的演講「Money, Python, and the Holy Grail」。

Vijay Subramanian 成立的 Hellotrace 正試圖要達到這個看似資料工作的未來，他認為可以讓資料流動顯示在 Outcome Map 上，使用者可以點擊某個指標或流動再往下探索，去分析流動變化的原因、對 Outcome 影響的程度等等。

有 Outcome Map 的好處

- **賦能給團隊（Empower teams）**：讓資料及產品團隊有可以掌握的 Product Outcome，不是給他們 Traction Metric，直接告訴他們做這件事就對了，給團隊問題可以讓團隊心態從被動改為主動。也不要直接給 Business Outcome，是將問題縮減到團隊可掌握的範圍，不是直接把業務壓力丟到他們身上，叫他們自己想辦法，這可能會造成不同職能的團隊互相指責、互踢皮球，例如：業務做不好所以產品賣不掉，產品做不好所以業務賣不掉。

- **鼓勵實驗**：鼓勵有創意的提出各種解法，試圖解決問題。

- **讓團隊有一致目標**：讓每個人都理解共同要達到的目標，也知道每個人有不同的專業可以貢獻，就可以互相交流，一起想辦法。

- **共同創造計畫 Roadmap**：因為 Outcome map 有層狀架構，可以共同打造計畫，也知道現在這一季要專注哪個目標，接下來可以移動去專注哪一個目標。

- **有用的心智模型（Mental Representations）**：頂尖人士跟普通人的一個差別在於，頂尖人士有很專注的心智模型，知道接下來的計畫。在 Peak 這本書內有研究及案例。

- **探索資料真的很好玩**：身為資料人，可以挖掘資料及討論這些指標間的關聯，真是讓人興奮。

如何建立 Outcome Map？

資料團隊應該掌握所有的資料，因為有這些資源，加上在釐清資料定義、指標目的的過程，通常也了解了商業邏輯。當然，商業邏輯是被商業團隊或產品團隊主導，這兩邊不同團隊該如何合作產生綜效？以確保商業模式夠清楚簡單呢？

從初版開始，不要追求完美。記得 11-4 提到迭代完成的蒙娜麗莎嗎？先有一版想法就可以討論了，搜集雙方意見、來回討論就會不斷調整。其實 Outcome map 很重視的是過程，而不是要有個漂亮的地圖，事實上 Outcome map 永遠沒有完成的一天，因為市場不斷變化，這一季可行的做法，下一季可能就不行了。

　　雖然是由公司高層定義今年公司的 Business Outcome，但 Product Outcome 是無法被定義，而是需要被發現的。通常從一個假設開始，例如：增加來店人流可以增加營收，然後就開始做各種實驗設法增加點餐率，也許更優質的桌邊服務，或者提供更多熱門商品等等。也可能最後發現，點餐率很難撼動，想增加營收，可能得要增加訂單數，或增加訂單金額。

▌聽起來是個理想世界

　　這真的滿理想的，要先釐清整個商業邏輯、確定資料從哪來、清理資料、釐清指標及關係，光想就一大堆工，但不是完全做不到。2023 年 8 月的 Taipei dbt meetup 上曾分享 Outcome map 這個議題，當天參與分享的朋友們都覺得不要浪費力氣，這個 map 存在自已心裡就好，要去跟別人解釋，甚至試圖讓整個公司都做到真是太困難了。但有個朋友建議，即便做不到，分享這個理想世界也很好，至少讓其他人知道理想世界長怎樣，且有人試圖達到中，可能會引起一些共鳴，或者只是激起一點漣漪也好。

線上資源

 https://github.com/dbt-local-taipei/dbt-book-01/blob/main/chapter-11/11-09-01_resources.md

- Opportunity Solution Tree：Teresa 發明。

- Empower product teams with product outcomes, not business outcomes：Hope Gurion 撰寫。

- Money Tree：由 Ryan Foley 提出。

- Money, Python, and the Holy Grail：Benn 在 Coalesce 2022 發表的演講。

- Vijay Subramanian 成立的 Hellotrace 正試圖要達到做到這個看似資料工作的未來，還有另外一個類似產品 Doubleloop，完整度更高。

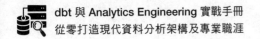

- Peak 這本書內有研究頂尖人士及案例,中文書名是《刻意練習:原創者全面解析,比天賦更關鍵的學習法》。

- 2023 年 8 月的 dbt Taipei meetup 上分享 Outcome map:
    - 投影片
    - 錄影

PART 5

打造你的資料職涯

跟著頂台小籠包的故事主角明宏，在資料團隊成長的過程，進一步規劃自己的資料職涯。

頂台小籠包首位分析
工程師明宏的資料職涯

在 Ch10 及 11 講完資料團隊的建立、策略及文化。本章快到書的結尾，想回到你身上。

你為何想使用資料？這不是要選職業。任何職位，可能多多少少都有會接觸到資料，較多人是資料消費者，會參考資料，也有些人是 Data Practitioner，參與資料來源、轉換等過程。像明宏就是因為想控制叫貨成本而開始分析店內的銷售資料，才從資料消費者轉變成分析工程師。

資料從事實中萃取。它是客觀、中性的。這些數字如果沒有對應的問題來思考，數字本身的高低或大小沒有意義。

當明宏想要分析哪些產品最受歡迎，得要參考季節性、平日與週末、上下班時間、門市位置及客群等等，一開始只會用試算表來計算。但當一個試算表已經有超過 10 萬行，還有很多複雜的公式時，整個試算表幾乎是打不開的。他不得不尋找其他方法，才會發現 dbt。

如果這個問題對你很重要又緊急，一定會想自己解決，不會想讓進度掌握在別人手裡。至少你得自己解決一次，知道該怎麼做了，再發包給別人。有沒有一個問題，是你希望掌握到非常細節，每個數字來源跟指標計算都希望一清二楚的？

如果明宏只期待一台新電腦，讓他的工作可以快一點，就不會成為分析工程師。如同諺語說的：「如果我問人們需要什麼？他們可能會回答：一匹快一點的馬。」因為相信有更好的解法，才會去尋求幫助及解答，不因為現況而妥協。

想解決問題是一個外在動機。當問題被解決，你可能就去做別的事情。但如果有個你無法停止思考的問題、或者你覺得很有趣一直想探索的問題，就是內在動機。這會驅動你一直好奇、沉浸其中，即使你的外在世界都還沒發生變化。

希望你能用好奇心開始第一步，走進資料的世界。

● **12-1** 明宏的資料職涯

回顧 Ch2，一開始明宏是被二代老闆從分店轉調到總公司擔任資料分析師，因為他在擔任店長期間，分析過去銷售資料並參考季節性，精準控制採購成本、調整人力及提升銷售的手法，讓二代老闆覺得結合他的第一線門市經驗及分析頭腦，有潛力成為頂台小籠包資料團隊的先鋒。而明宏也不負老闆的期待，雖然並非資訊或科技背景，但憑著對數字的敏銳及好學努力，儘管經過許多失敗與挫折，仍在工程師雨辰的協助下，一步一腳印的建立資料團隊及打造資料文化。

明宏一開始並非沒有猶豫，他的門市業績很好，若選擇繼續店長這條路，有可能飛黃騰達，但他似乎想像得到這條路的發展。反觀接受老闆的挑戰，轉行成為資料分析師，去建立資料團隊，既不是他的專業，又看不出來是否一定能成功，但他知道自己身為店長的優勢在於能善用資料，因為很想做好，覺得好奇才開始接觸資料的，想要擴大這個優勢，應該要去接觸更多資料，雖然是一條有點冒險的路，卻可能滿足他更多的好奇，可以透過資料流了解公司的運作，也能增加實力，因此決定加入。

剛開始真的有很多問題，例如：Excel 超過負荷無法使用，以及好多沒看過的名詞，雨辰告訴他 OLTP-ETL-OLAP，聽都沒聽過，都得一個一個學習。一直到重複撰寫 SQL、商業邏輯只能他處理等，已經超過他跟雨辰兩個人可以自行摸索的極限，向外尋求協助時，在 Taipei dbt Meetup 找到同好、發現了 dbt。

導入 dbt 實際解決當時的困境，也逐漸發現，隨著資料能整理得更好，接到 BI 工具上給更多人使用，自己真的花比較多時間在決定 data modeling、考慮商業邏輯的層級及更多協助 self-serve data 的教學，才變成 dbt 提倡的新角色：分析工程師。也因此開始參考軟體工程師的作法，研究這些做法的由來、工具，再判斷是否可在 data 工作上採用。

接著在需要更多人手的狀況下，考慮兩人資料團隊要怎麼長大、如何架構、如何招募新人、新人加入後的工作分野、該如何讓他們上手工作等等，明宏開始整理自己過去分析工作的做法以及與其他團隊協作的手法，以及思考該怎麼組織

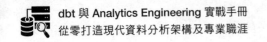

資料團隊。從子軒開始，明宏鼓勵他不要太鑽研理論，盡量先解決眼前的問題，從需要什麼來反推學習，讓所學能夠實際應用在工作上。

也不是第一次就成功。經過幾次磨合，才逐漸找到如何依據其他團隊使用資料的習慣、對資料的熟悉程度，去配合提供協助。還記得第一次跟物流司機的主管介紹物流資料儀表板，不知道打壞了他們看資料的習慣，講完之後都沒有人去看。後來才了解物流同事經常不在座位上，多半用手機或少數用平板查看資料，原本的儀表板是設計給桌機的根本不適用，難怪都沒人看。馬上去跟著物流同事工作一天，了解他們在什麼情況會查看哪些資料，哪些問題他們其實想知道答案，但很難查詢或計算資料很麻煩，調整後才讓他們使用的順手，真正協助到物流工作。

或者有一次跟客服部門合作，確實跟客服討論想知道的資料，也參考他們過去的 Excel 報表才做出適合的報表，結果發現客服同事還是都下載回去自己的 Excel 上查詢，因為不習慣 Metabase 的介面。乾脆資料改從 BigQuery 串接 Google Sheets，配合客服同事的使用習慣，又能確保資料使用統一。

這些經驗都是一個個獲取，再因為社群朋友的交流、提問，慢慢彙整出自己的作法及觀點。例如：導入 dbt 後，被社群邀請去分享與其他團隊的協作經驗，才歸納出要考慮其他團隊，如何察覺他們對資料的熟悉程度以及情境、如何引導他們反映真實問題而非僅提出對資料的需求等各種手法。每次的分享反而讓明宏受益良多。

回想過去站在要繼續當店長還是轉行為資料分析師的交叉點，明宏看到自己一路的成長及學習，以及帶領的資料團隊為頂台小籠包打造的資料文化，有一點感動。這些探索過程中自己的熱情、同好好友的切磋交流，還有未來肩負著更複雜的挑戰，讓明宏想要在這個未知的路上持續邁進。

12-2 用問題來描繪你的學習路徑

　　保持好奇心進入資料世界是個好的開始。接著你會發現有好多專業技能、工具跟知識，該怎麼選擇呢？

從試算表開始

　　試算表是最普遍的資料工具。每個人都容易獲取或開始使用，甚至多數人會使用基本的公式，像是：SUM()、AVERAGE()，或者分析技巧，例如：加入樞紐分析表，以及簡單的圖表，例如：圓餅圖。

　　一但你會使用試算表，你就可以成為很好的 Data Practitioner。當你摸索試算表，會學到什麼是維度和指標、SUM、AVERAGE、MIN、MAX 等基本資料知識。

已知 - 未知矩陣

　　探索知識的過程可以用「已知 - 未知矩陣」來想像，舉例來說，還記得在頂台小籠包採用 dbt 之前，明宏的任務是要分析超過 100 家門市的銷售資料。雖然試算表不是完美的解決方案，但在他的任務中扮演了重要的角色，然而，每天重複以下步驟要花他一小時：

1. 從銷售系統找到資料並匯入試算表。

2. 將銷售資料對應到門市，加上門市位置、開店時間、客群等，以便日後分析。

3. 將超過 10 萬行的資料轉換成簡潔的報告或圖表給老闆。

　　當時他遇到的挑戰是：如何加速資料匯入及處理？他偶然發現 Ben Collins 的網站，提供很多試算表教學，還介紹試算表的進階技術：App Script，於是他以為學習 App Script 可以解決他的問題。

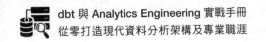

套用「已知 - 未知矩陣」來拆解他的學習過程：

1. 他沒有發現自己已經透過試算表學會維度與指標等基本資料知識，這是「未知 - 已知」。

2. 因為他探索未知，才發現 App Script。

3. 這個探索，就將 App Script 從「未知 - 未知」移到了「已知 - 未知」：從完全沒聽過，到知道有這個工具。他以為 App Script 可以解決他的問題，只是自己還不太會用。

4. 當他開始應用 App Script 來嘗試處理 100 家門市的分析，才發現它不是最佳解法。等於又把對 App Script 的瞭解從「已知 - 未知」移去「已知 - 已知」。

	已知	未知
已知	已知 - 已知 #4 當他開始應用 App Script 來嘗試處理 100 家門市的分析，才發現它不是最佳解法	已知 - 未知 #3 以為 App Script 可以解決他的問題，只是自己還不太會用
未知	未知 - 已知 #1 他不知道自己已具備基本資料知識。	未知 - 未知 #2 探索未知，才發現 App Script

再讓我們回到如何用問題描繪你的學習路徑。你想挑戰的問題是什麼？嘗試新的工具或方法、實驗將它們套用到你的問題上，看可不可以解決。透過探索將知識在「已知 - 未知矩陣」中移動，最終走到「已知 - 已知」。像明宏擁抱學習的精神，持續探索、不斷重複「已知 - 未知矩陣」，才發現原來自動匯入資料可以解決他的問題，而且這可能需要工程師協助。於是爭取到雨辰的加入，最終加速資料匯入及處理，從每天手動一小時到每天自動三次，且只花費幾分鐘就能完成。

從小問題開始，並善用免費資源

Google 是最好的搜尋工具，但你需要知道要輸入什麼關鍵字。可以從你的已知常識開始找關鍵字，接著你會從搜尋結果中發現新的關鍵字。這也是一種破除未知的方法。

提供許多不錯的免費資源：

- YouTube，像使用 Google 一樣。

- 工具的服務説明文件，那邊一定有很多主要概念跟名詞解釋。

- 問人。向你的同事或朋友求救，問問他們的建議。

- 問 ChatGPT 或其他 AI。

- 參加研討會，滿多數位產品或公司會舉辦線上活動的。一開始，可能沒有找到對你立即有幫助的知識，或者聽不太懂講者在説什麼。但你可以得到一點方向，或者至少知道這場活動或工具對你不適用。

當你得到方向，例如：發現了 Python 或 SQL，就可以用同樣方法，再找到很多免費資源可以幫助你學習。

記得回到你的問題，你想做什麼？哪些問題一直在你腦海裡揮之不去？去 Google 你的問題，然後你會學到如何將問題描述清楚、如何找答案。當你開始這麼做，你就獲得更多知識，也開始將你的「未知 - 未知」移動到「已知 - 未知」或者「已知 - 未知」移動到「已知 - 已知」。

▌何時要開始上課

當你完成許多小任務、解決許多小問題，開始有更多的「已知 - 未知」或「已知 - 已知」，你可能會覺得缺少宏觀的概念。如果你有點餘裕，不用太急著交付成果，有時間可以做點實驗、嘗試新東西。就是很好的時機，去找個課程來強化你的知識。一樣有很多免費資源可以幫助你：

- Coursera 有很多免費課程。

- 許多資料工具的網站部落格都非常受用。

- dbt 提供完整的 Resources。

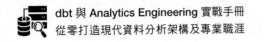

應用所學是很重要的,光是交作業或通過考試不夠。試著將上課所學,應用到你的實際問題上,可以增強理解也給你更大的動機去學習。保持好奇心和動機將使你成為一名終身學習者。

> **線上資源**
>
> https://github.com/dbt-local-taipei/dbt-book-01/blob/main/ chapter-12/12-02-01_resources.md
>
> - Ben Collins 的網站。
> - Apps Script:提供簡易的開發環境,讓您即使不具備專業的程式碼知識,也能建立可擴充 Google Workspace 功能的整合式自動化企業解決方案。
> - Google Data Analytics Professional Certificate:Google 提供的資料分析師認證課程。
> - dbt Resources:dbt 提供的線上學習資源。
> - dbt Certification Program:dbt 認證。

12-3 加入主管的行列

個人能力提升之後,如何增加影響力,Lean in!在領導層佔個席次,可以讓你的影響力擴大。

領導者≠管理者,不是只有主管才能領導。剛加入一間公司,可能一開始會這樣假設,但經過三個月,你大概就會知道誰是真正的領導者,而且他可能不是管理者。這篇文章「leadership vs management」有更深入的討論。

不是一定要成為主管，雖然標題用「加入主管的行列」比較吸睛。你可以領導任何你擅長的事情。既然是資料團隊的一員，在資料方面是可以領導其他人的。

Teresa Torre 在她的書《Continuous Discovery Habit》內有介紹一個核心觀念：Product Trio。"Every member of a product team deserves to have someone who is committed to helping them get better at their craft." 每個在 Product Team 內的成員，都貢獻自身專業，協助整個團隊。在 10-3 提到 Data Team 也是 Product Team，希望資料團隊也貢獻專業，一起協助做出更好的產品。11-7 也提到，希望資料團隊與其他團隊做到真正的協作。

一線主管的團隊（first team），也是如此。建議資料團隊要在一線主管間占有一個席次，也代表這家公司對於資料文化的重視程度。因為資料團隊會拿到很多原始資料，處理、分析資料的目的也是為了要呈現整個產品的樣貌，知道一線主管對於整個產品是如何看待的很重要。例如：當財務團隊報告營收狀況開始有點警訊，而行銷團隊報告目前掌握的潛在客戶增加，那資料團隊應該要檢視這段落差在哪裡，提供說明。

▍如何在管理階層佔有一席

建立信任。當資料品質很好，即使資料團隊中沒有一線主管，也會讓分析報告出現在一線主管的會議中。當他們需要做決策要參考資料的時候，資料團隊已經準備好，當他們有疑問想更深入瞭解的時候，資料團隊就會被要求加入會議提供諮詢。

增加影響力。可能有點雞生蛋蛋生雞，想加入一線主管才有影響力，又要增加影響力才能加入一線主管。建議改成這樣想：創造雙贏。當資料團隊協助某產品成功，代表資料團隊有能力協助其他產品成功，用這個方式增加影響力。

主動積極的分享分析結果。記得本章開頭提到的好奇心，不要等有人提需求才做分析，既然你掌握所有資料，對什麼東西好奇或覺得對公司有幫助，就找時間去做。將發現分享給合作的團隊或者整家公司，這會幫助提升資料素養，也是

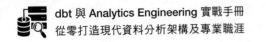
一個展示能力、專業以及熱情的時候。當專案或產品團隊在找成員一起工作的時候，也會希望找到不同專長、專業可補強團隊能力的人。

　　像個領導者一樣思考。 資料團隊成員第一個能對領導階層有貢獻的想法，就是如何組織資料團隊，可回頭看 Ch10 的說明。因為思考的時候，不只會想到資料團隊本身，也需要考慮其他團隊對資料的熟悉度、需求以及公司成長的階段。還有對整家公司的思考，例如：如何提升公司整體的資料素養、如何建立自助查詢資料、建立報表的能力，以及如何讓資料可有效的協助同事們做決策等等。

線上資源

https://github.com/dbt-local-taipei/dbt-book-01/blob/main/chapter-12/12-03-01_resources.md

- Lean in

- leadership vs management

- Continuous Discovery Habi

- Product Trio

- First team

12-4 專業上的選擇

　　資料職涯發展歷史相對晚，目前極少數的公司有 Chief Data Officer（CDO），代表這個職業的天花板比工程師、行銷、財務來得低。而它又是一個需要技術跟商業結合的職業，通常起步會從其中一邊出發，可能走到貫通或者一直在同一邊：

1. 技術出身的 Data Practitioner 可能會往 Machine Learning、AI 技術或者轉往軟體工程發展或者更深入在 Data 領域鑽研 Data Architecture、Database design。

2. 商業出身的 Data Practitioner 可能往不同領域的分析找到自己的專長，例如：財務分析、Performace Marketing，或者學會更複雜的分析能力，例如：資料科學家（Data Scientist）或者希望掌握分析後的行動，而往 Data PM、幕僚方向發展。

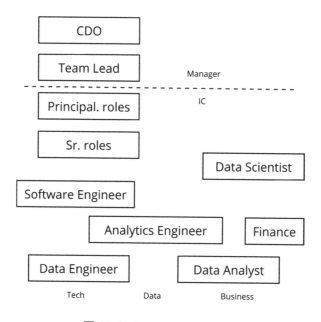

圖 12-1　Data Career Ladder

不管你的選擇是什麼，希望你知道，職業趨勢是會變化的。Big Data 剛開始燒的時候，大家以為 Data Scientist 是最需要的，然後才發現沒有好的基礎建設很難發揮，或者很多 Data Scientist 只好自己來 Extract 資料，先做 Data Engineer 的工作，於是接下來 Data Engieer 就變成最 Sexy 的職業，但做完基礎建設後，不是每家公司都經常需要新增資料源或有複雜的 Data pipeline，這才發現其實不需要這麼多 Data Engineer，而有了基礎建設也不用找到能力強大的 Data Scientist，於是又變成想招募 Data Analyst。

而且這個選擇也不用是線性的，不是說你從技術出身就只能走 Machine Learning，或者商業出身就只能成為 Data PM，加上同樣職稱在不同公司的工作內容也不同，不用為自己設限。

最終要回到你的好奇、專業跟市場一起考量。圖 12-2 三者交集就是你的理想選擇。但就跟所有決策一樣，你不會等到 100% 確定才選擇，而且你的好奇、專業以及對市場的判斷也只有你知道。希望本章對你有所幫助，相信你可以為自己在當下做出最好的選擇。

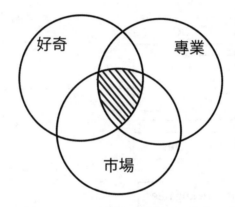

三個圈的交集是你的理想選擇

圖 12-2　Data Career Selection

你需要加入資料社群

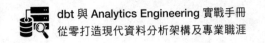
本書四位作者是因為加入社群才認識彼此，又互相推坑才開始寫鐵人賽直到寫書，作為書的結尾，當然也要來鼓吹一下加入社群的好處。

剛開始加入 dbt Slack 社群，可能多數人都只潛水，會去看別人的討論但不太敢發言。我們也是一直到 2022 年申請 #local-taipei（dbt Slack 的頻道，也是 Taipei dbt Meetup 的起點）後，才更積極參與，以上故事寫在「How did dbt #local-taipei get started ？」一文中。希望你不用浪費這麼多時間，早點開始。

在此就先不多談 Taipei dbt Meetup 的成立故事；我們來聊聊真正開始參與後，有哪些好玩有趣的收穫，讓你自己判斷，是否需要加入社群。

● 13-1 為什麼你需要加入資料社群

▍遇到同好

這你大概也知道，參加社群就是希望遇到志同道合的人，不是為了社交、拓展人脈之類的，不需要有很正式的理由，事實上，越沒有目的，參加社群越自然有趣。

在 Taipei dbt Meetup 每場活動，總會保留 1 小時以上的交流時間。從線上活動開始，發現分享後的交流討論環節最有趣，但受限於線上，話題乾掉就不知道如何繼續，大概閒聊 20 分鐘就極限。在實體聚會的時候就不同，可以形成多個小圈圈。一個話題結束，就換個圈再開啟下個話題，不用事先準備，現場話匣子一開就停不了。

▍自然發生，從沒想過

社群總是資源很多，嘗試參與後，會發現意想不到的收穫。很自然會被推著去做一些真的沒有想過要做的事，但又很有趣！

Taipei dbt Meetup 是由 Karen 發起。當時她覺得一個人無法獨立處理，還好在 dbt Slack 中找到 Allen 跟 Laurence，這個社群才會成立。因為 dbt 是開源軟

體，Laurence 鼓勵 Karen 去投稿 COSCUP 2022。反正已經在準備 COSCUP 講稿，就順手投稿 Coalesce（dbt 的年度研討會），沒想到就被錄取。去 Coalesce 2022 發表演說的過程也滿好玩，因為前一天晚上有講者歡迎晚會、收到手寫感謝函，跟其他講者、會眾也更容易交流，有興趣可參考 Karen 的文章「Being a first-timer speaker at Coalesce 2022」。

成立社群後，開始吸引到許多厲害的成員，各種主題。第一場分享是 Ted 介紹他如何在公司導入 dbt、第二場是 Richard 介紹第二次用 dbt 開局的不同思考。因為分享後閒聊到 Great Expectations，Weihao 就來分享他的經驗。Tom 來聊他對於未來 Data Analyst 工作的觀點。CL 跟布丁非常支持 dbt 社群，提供第一次實體 Meetup 的場地，也介紹過他們家的產品 Recce。在國外知名 Reverse ETL 產品 Census 工作的 Kelly 回台、搬到台灣 remote work 的 Thomas，都主動來打招呼，也因此各在一場 meetup 分享。Singapore dbt Meetup 的創辦人 Jolanda 第一次來 Taiwan 就是為了來 Taipei dbt Meetup 分享。還有更多人！截至 2024 年 8 月為止，已經舉辦過 27 場 meetups。我們其實沒有一定要每個月都辦 meetup，但就因為太多人太厲害，一切就這樣自然發生。

又因為 meetup 時，有些人提到很難找到 dbt 的繁體中文資源。Stacy 希望做點什麼，就提議要來寫鐵人賽，沒想到一共 7 人參加，完賽後有艦長的推薦，才有這本書的誕生。

最棒的是參與社群後真的發現，跟人交流可以充電，且交談、問問題跟回答，都是更有效的學習方式。有時候遇到複雜的技術問題，或無法理解的概念，在社群總有人設法用簡單的方式說明、幫忙 debug 測試環境或者分享一些進階的 dbt 使用技巧。透過分享聽到別人的經驗會知道不同的產業、公司階段等不同的資料處理問題、技術，每次都是大開眼界。如果只在自己的工作環境和固定的同事討論，根本遇不到這麼多情況。

支援系統

不只是好玩而已，社群是很好的支援系統。當你遇到問題，不管是技術上的、管理團隊或者寫東西遇到卡關，都可以去社群問問題，dbt 社群在 2024 年

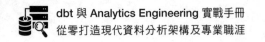

8 月就有 6 萬多人以及上百的頻道，例如：工具類 #tool-metabase、#bi-tool-general、db 類 #db-duckdb、#db-digquery、幫忙類 #advise-dbt-help、#advice-career 等，總是會有認識的跟不認識的熱心人士協助。

　　快來加入！填好 dbt Slack community 申請表，很快就會被加入，然後到 #local-taipei 來找我們！

線上資源

 https://github.com/dbt-local-taipei/dbt-book-01/blob/main/chapter-13/13-01-01_resources.md

- How did dbt #local-taipei get started ？
- COSCUP 2022 上介紹 dbt。
- Coalesce 2022 上分享 How to build data accessibility for everyone。
- Being a first-timer speaker at Coalesce 2022。
- Taipei dbt Meetup 的第一場分享：Ted 介紹 How to use dbt as a key tool in my data team?
- Richard 介紹第二次用 dbt 開局的不同思考。
- Weihao 分享 Great Expectations。
- Tom 來聊他對於未來 Data Analyst 工作的觀點。
- CL 在 Taipei dbt Meetup 上介紹 Recce。
- Kelly 介紹 Reverse ETL。
- Thomas 分享 remote work。
- Jolanda 第一次來 Taiwan 就為了參與 Taipei dbt Meetup。
- Taipei dbt Meetup Wiki。
- dbt Slack community。

● 13-2 如何玩社群

　　社群對生活及職涯都很重要，要用力推薦。雖然參加社群都很簡單，就是報名一場活動或加入 Slack 或 Facebook，但離真的「參與」似乎有點距離，希望你不用潛水這麼久，可以早點開始。

▌自我介紹

　　加入團體第一步都是自我介紹，你可能想説：「不會吧，就這樣。」對，就這麼簡單。每個社群，不管是用 Slack 或 Discord 都會有個頻道叫做 #intro 或 #welcome 就是讓人自我介紹用的。要善用！不要只寫：「Hi，很高興加入這裡，希望跟大家多多交流！」這樣其他人頂多只能歡迎你，沒什麼可以聊的。講多一點，你為什麼加入、你遇到什麼問題想來請教，或者你想體驗什麼？多給一些背景知識，讓其他人可以了解你多一點，也許會遇到跟你有相同目的、遇到相同問題，或者過來人的建議。

圖 13-1　Karen 在 Locally Optimistic 的自我介紹

　　Karen 在 Locally Optimistic（一個紐約起家的資料社群）自我介紹，當時剛好被 Metabase 的社群行銷 Margaret 看到，就被邀請投稿 Metabase 社群，才有她第一篇在個人 Blog 以外的文章，過程滿有趣的，還有編輯幫忙改稿。

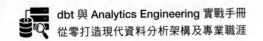

　　Stacy 當時加入 #local-taipei 時，也潛水了一陣子，一直到公司決定採用 dbt，覺得可能需要社群的幫助，才浮上水面自介。沒想到自介完，就被 Karen 問能不能在之後的 meetup 分享，也才有這本書的誕生！

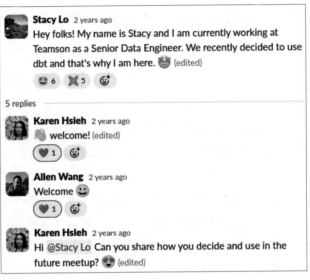

圖 13-2　Stacy 在 local-taipei 的自我介紹

▌多發問

　　寫完自我介紹後，可以去瀏覽一下各種頻道。看看正在討論哪些話題、讓自己沉浸在留言串，有些真的超精華，很容易就看到忘了時間。

　　Weihao 加入社群時自我介紹，接著發問請教有沒有人願意分享 dbt 的使用經驗，就有 Ted、Allen、Laurence 三位出現熱心回答，原本打算私聊，後來被邀請成線上分享，才有了第一次活動，這個故事寫在「how dbt #local-taipei started」。

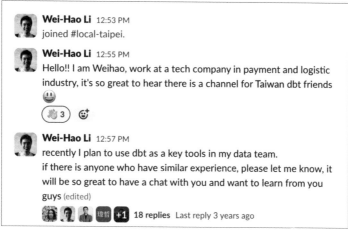

圖 13-3　Weihao 自我介紹完後發問

善用 ✚ 也不錯！如果看到某人的問題跟你的很像，就去參與那串討論，留個 +1 或者補充你的情境跟發現，關鍵就是參與討論。多補充的經驗分享可能對其他人有幫助。

在社群建立這些，其實都還不到要交朋友之類的，是 13-1 提到的幫自己建立支援系統。就算沒有人回應也沒關係，不要灰心。已經是跨出自己心理門檻第一步了，可能剛好會的人沒看到你的訊息，找別的地方再寫就好。

補充，通常產品都會有社群，且各種平台，可能有 Discourse、Forum、Facebook、Discord、Slack 等各種形式，建議使用訊息平台 Slack 或 Discord，因為會有很多頻道，可以找到話題重點，通常討論會比網頁 Forum 即時些，使用上也方便。

▌回答問題或回應

社群需要施與受的正向循環。如果你看到一個發問是你知道答案或有點經驗的，不要害羞就去回應。就算你不確定你的答案是否 100% 正確也沒關係，分享你的經驗，你檢查過哪些、發現什麼都對提問的人很有幫助，事實上，就算你去回個「我也有一樣的問題 +1」都會讓提問者知道不只她遇到這個問題，光這樣就很棒！

有時候，可能有些提問不是很清楚，不知道該怎麼回答，那就去問清楚。能幫忙提問者釐清問題，更能幫助他得到幫助。提問者需要的不只是解答，想像自己是提問者，如果有人說：這我也遇過，就會讓他感到不孤單，有「人」在這裡。

▍參與／做些什麼

有些社群，例如：Continuous Discovery Habit 有每月聚會。自由參加，每個人帶自己的問題上線，會分小組討論。這種面對面的討論真的超棒，當下有好多腦袋絞盡腦汁的想幫助你。參加這種聚會夠簡單了吧！問題寫不清楚沒關係，說出來大家當場就會問清楚。

每個社群都各種活動跟聚會，有時間就多參加。例如，每月 dbt 在各地都有 Meetup，像我們 #local-taipei 有在揪團寫鐵人賽，還有年度盛會 Coalesce 會從一開始的徵求講者，到當週有很多 watching party 或實體聚會等。

提醒，如果有什麼樣的活動你很想參加，但一直找不到時間或有人舉辦，那就自己來！Taipei dbt Meetup 也是這樣成立的：Karen 找到 Allen 一起申請 #local-tw，後來改為以城市為單位命名 #local-taipei。

Karen Hsieh 9:00 AM   January 7th, 2022 ⌄
Hi, I'm Karen, also live in Taiwan. I use dbt from 2019 at iCook but cannot use it at 2021 when I left. I really love dbt not just tooling but also the ideas they express.

Very few Taiwanese use dbt. I'm thinking of creating a #local-tw channel to share dbt more. Are you interested?

January 8th, 2022 ⌄

Allen Wang 8:00 PM
Hi Karen,
Wow. At 2019!! You are a really early user of dbt. (edited)
Sure. I am super interested to have a Taiwanese channel.

圖 13-4 　Karen 找到 Allen 一起申請 #local-tw

dbt #local-singapore 原本是由一位從英國移居到新加坡的 Data Analyst Lead 成立，Michael 加入後默默潛水，參加過幾次小聚餐。由於新冠後開始考慮辦較大的社群 meetup，Michael 主動舉手幫忙，進而認識現在的公司，收到邀約而轉換工作。不設前提的先付出，往往能有意想不到的收穫。

▌來參與吧！

參加社群可以找到志同道合的朋友、一起學習跟成長。如果你還沒加入，還在等什麼！跟著我們提供的步驟：自我介紹、問問題、回答問題，多參與。會有很多人分享他們的經驗，跟你一起成長。對你個人及工作都非常有幫助。

線上資源

https://github.com/dbt-local-taipei/dbt-book-01/blob/main/chapter-13/13-02-01_resources.md

- Locally Optimistic 是一個紐約起家的資料社群，相當活躍，跟 dbt 社群關係也很良好。

- Karen 在 Metabase 社群的文章，「Using Metabase for Self-service product analytics」。

● 13-3 你的經驗值得分享

2023 開始 Taipei dbt Meetup，幾乎每個月都有分享，而且每次都有 2 個以上的講者，其中約 50% 都是第一次當講者。在邀約講者的過程中發現，很多人不覺得自己的經驗值得分享，不知道要分享什麼，太可惜了！這裡就來打破這個迷思。

你的經驗跟知識值得分享

可能因為「講者」聽起來有點正式，而讓人卻步。其實講者就是分享的那個人而已，雖然在大型研討會，例如：Coalesce 分享，跟平常 meetup 的規模上有差，但本質是一樣的，都是分享想法及經驗而已。

每個人都有值得分享的知識跟故事。其實就是你關注的議題，正在做的事。分享你做過什麼、發現什麼可行、不可行，分享這個過程是最棒的。在 Meetup 跟人交流的時候，我們經常發現很棒的故事，大多數都不知道自己很棒，應該要分享出來。有個 3 人的資料團隊利用 Metabase 建立儀表板給上百個客戶，他們還有提供資料診所給同事問診，超有趣的；但邀請他們來分享，對方卻反問要講什麼！？（這就是 dbt meetup #17 幫你優，開發 PaGamO 的公司，建立的「資料診所」）。還有一次，一位 Analytics team lead 一直說自己很內向、害羞，結果最後滔滔不絕的說了至少 5 個超棒的主題，最後還跟 Women Techmakers Taiwan IWD 2023 合辦，給一場精彩的「how to scale data」。

我們都曾如此，不知道自己有什麼值得分享的。Bruce 在 2023 年報名截止前臨門一腳加入 iThome 鐵人賽，將資料工作的經驗，輸出成 30 天的連續寫作，才發現自己其實對於資料品質有一定的深度跟興趣。繼續加碼，2024 年 6 月主動在 Taipei dbt Meetup 上發表一場演講「Ensuring End-to-End Data Quality with dbt」、負責這本書的 dbt Core 及資料品質章節，接著更獲選 2024 Hello World Dev Conference 講者。一步一腳印的透過分享獲得回饋，再加深自己的知識，除了他的專業內容分享，整個過程更是「分享」的最佳示範。

希望你記得，你的經驗跟知識值得分享。如果擔心的話，只要多練習就好。找個人講幾次，練習演說、注意你的觀眾，其實來 meetup 分享就是很好的練習呀。Taipei dbt Meetup 非常歡迎講者報名！我們也可以陪你練習。

分享可以增強學習

分享不只是為了別人，其實受到最多幫助的人是自己。因為需要整理、表達你的思緒，需要再釐清、拓展跟確保知識架構是完整的，這個過程可以大大幫助

自己學習。找到語言學習中有一個 Comprehensible Output Hypothesis，討論到分享的好處：

1. **提醒自己**：每次你在準備分享的時候就會發現，自己有些地方其實沒有很懂，因此而去弄懂它。

2. **驗證假設**：因為分享，講出來給別人聽後，會得到別人的直接反應，知道你講對了、講清楚了沒。

3. **Metalinguistic（元語）功能**：經過分享，提升自己對這個知識的理解，提高能力。

▋成功跟失敗都值得分享

分享不只有 100% 正確或者成功的經驗。如果想看標準答案，就去翻課本就好，問題就在於現實世界，課本內容產生耗時太久根本來不及，就是得做中學，現在就要用。就像 AI，雖然 Andrew Ng 的課程已經很快就推出，但難道在他開課之前，大家都不要碰 AI 在那邊等嗎？就是因為等不及了，開始摸索、嘗試，然後把這些嘗試錯誤跟成功都分享出來，為什麼要這樣做，結果如何，這才是最精華的。現實世界經常沒有標準答案，「看情況」更常發生，所以才想看更多情況。

▋現在就可以分享

隨時開始！平台那麼多，利用 Facebook、Medium 什麼都可以，現在就開始分享你的經驗。不要擔心沒人看，真的一開始沒人看，但分享不只只是為了別人更為了自己，時間久了，你的聲音會被聽見，會累積自己的東西，讓你在不同場合跟別人交流討論。Taipei dbt Meetup 也有 Medium 蒐集許多 dbt 中文資源的分享。

線上資源

https://github.com/dbt-local-taipei/dbt-book-01/blob/main/
chapter-13/13-03-01_resources.md

- How to scale data：Singapore dbt Meetup 發起人 Jolanda 來台灣的分享。

- Taipei dbt Meetup 非常歡迎講者報名。

- Comprehensible Output Hypothesis。

- 運用 dbt 確保 End-to-End 資料品質：Bruce 在 Hello World Dev Conference 上的演講。

- Taipei dbt Meetup Medium。

13-4 你也可以帶領社群

這裡想邀請你更進一步帶領社群。其實每個人都可以領導社群，在社群中推動一些項目。

▎領導 ≠ 管理

在 12-3 就提到過，領導者不一定就是管理者，想再多探討一下這個觀點。每個人都有擅長的項目，因為你的熱情或專業，可以帶領其他人。不要等到拿到管理者的職稱才開始。當你開始領導的時候，你就是領導者。

像我們組團寫 2023 iThome 鐵人賽是由 Stacy 發起的。她不是 Taipei dbt Meetup 內主辦成員，只是因為參與幾次 Meetup 以及使用 dbt，一直希望能有更多繁體中文資源來幫助新手，於是就主動提議來寫鐵人賽。不只提案，她在

社群中發動邀請，報名團體，以及每天提醒大家寫文章，讓我們一起堅持寫過 30 天。從她的行動中，充分展現領導者風範，讓她贏得 2023 dbt Community Awards。

▌小行動、大影響

在社群中發生過很多次這樣的實際案例。2023 三月的 Meetup#9 遇到 Alex，他在交流時不斷推薦 DuckDB，也在現場協助大家下載安裝，他的熱情感染許多人，我們也立刻邀請他到 2023 年 5 月的 Meetup #11 分享。他也去其他社群，例如：COSCUP 做了分享。因為他的熱情推廣，Allen 跟 CL 也開始使用 DuckDB，再回到社群分享，像 CL 分享結合 dbt 跟 duckdb 做的政治獻金專案。

還有 MDS Fest 的成立故事「Building MDS Fest in 47 days」一定要提一下。有一群人在投稿 Coalesce 2023 沒被選中，失望之餘，因為太想分享自己想談的話題，就提議一起來辦一場，原本打算是隨性分享，結果變成一週的線上 conference，而且在 47 天內籌備完成，比 Coalesce 2023 更早舉辦！

▌是很挑戰沒錯，但收穫更大

想要起頭做些事總是很困難，像我們當初申請 #local-taipei 後，其實就不知道該怎麼辦。有想過是不是要辦活動，找人來分享，但就會卡在哪要找誰？誰願意來？去哪辦活動呢？怎麼宣傳呢？等等很現實的問題。慢慢開始，就會遇到協助。當挑戰達成了，而且是大家一起做到的，感受更大、更開心。也因為這樣認識原本不會接觸到的人，一起做了些原本不可能做的事，這些會成為鼓勵的力量，讓你對於未來的挑戰更有信心。

線上資源

https://github.com/dbt-local-taipei/dbt-book-01/blob/main/
chapter-13/13-04-01_resources.md

- 2023 dbt Community Awards。

- Alex 的 duckdb 分享：
  - 在 Taipei dbt Meetup#11 的錄影。
  - 在 2023 COSCUP 的分享。

- CL 結合 dbt 跟 duckdb 做的政治獻金專案。

- Building MDS Fest in 47 days。

● 13-5 在 dbt 社群找到志同道合的朋友

在本書前面提到為何選擇 dbt，最後想回到 dbt 的誕生是為了讓資料分析師可以師法工程師，來聊聊這些 dbt 想要幫助的人。

| Modern Data Stack、Modern Data People

資料世界變化很快，從業人員不太可能是「本科系」畢業後直接入行，畢竟當時大學可能也沒有資料專門的科系。dbt 就是其中的代表，使用 dbt 的人可能當初根本沒想過會成為資料人，只是對資料很有興趣、好奇，接觸後慢慢深入才變成 Data Practitioner。參與社群遇到很多這樣的人，大家都有非常不同的背景，走過各種彎路才到這裡，能夠聚在一起會讓彼此感到不孤單。

從 dbt meetup 經驗，通常參與者會分兩派，偏資料分析或資料工程。可能資料工程比較多來自工程師，還算背景差不多，但資料分析師就真的有很多不同背景，原本是財務、行銷、營運、業務或者產品，讓整個社群很多元。

▍一起學習

資料世界是學無止盡的（其實哪個領域不是！）很多都是做中學。推薦這篇「Building Your Analytics Brain Trust」非常清楚說明為什麼學習時需要跟朋友一起，有個社群可以依靠，這篇也是 Locally Optimistic 這個資料社群的成立初衷。非常推薦大家去參與這個社群，他們網站上的文章也很值得閱讀，都是業界前輩經驗分享。

dbt 有同樣的精神。有超多頻道、討論問題及解法，而且討論範圍其實不止 dbt：

- 專門討論 dbt 的有 #zero-to-dbt、#dbt-core-development、#dbt-cloud 等等。

- 工具：#tools-looker、#tools-vscode、#tools-dagster，幾乎熱門工具都有。

- 資料庫：#db-clickhouse、#db-snowflake 等等，有新的 db 都會很快出現。

- 社群相關：#community-strategy、#community-writer。

- 宣傳自己的東西：#i-made-this、#i-read-this。

- 各地活動，線上或線下：#events-ama、#local-taipei。

Taipei dbt Meetup 也分享過很多不止 dbt 的話題，像是 Thomas 介紹他如何導入更好的 remote 工作文化、Allen 分享資料分析師的軟技能等。

dbt 官方也提供很多學習資源，但最精華的還是在社群內的交流跟各自發表的內容，會從中找到超多很棒的電子報及部落格：

- benn.substack

- Marc Stone

- Emilies Schario

- syntax error at or near "<3"

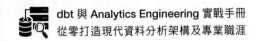
超推這幾個大神，分享不是在研討會或 meetup 而已，而是在持續不斷的交流中產生。

▎一起玩

看別人玩很好，自己加入更棒！感受真實、更深、也學習更多。不要再害羞或猶豫！不管你在大公司或小新創，職稱跟年資都不重要。一起學習、分享你的經驗，成功跟失敗都可以幫助到其他人，尤其可以加深自己的學習。

對 dbt 或 data 有興趣？歡迎加入 dbt community 到 #local-taipei 找我們，也有實體 Meetup 請到 Taipei dbt Meetup 報名參加。

線上資源

https://github.com/dbt-local-taipei/dbt-book-01/blob/main/chapter-13/13-05-01_resources.md

- Building Your Analytics Brain Trust。

- Thomas 分享 remote 工作文化。

- Allen 分享資料分析師的軟技能。

- dbt 官方學習資源。

- 歡迎加入 dbt community 到 #local-taipei 找我們。

- 實體及線上 Meetup 請到 Taipei dbt Meetup 報名參加。

結語及附錄

● ● ● ● ○

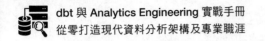

● 結語

　　本書從 dbt 及 Analytics Engineering 的誕生開始，接著介紹並帶你操作 dbt Cloud 及 dbt Core，說明許多身為專業 Data Practitioner 需要具備的觀念，以及如何建立 Data Team、引領 Data informed 的資料文化，最後回到你身上，告訴你如何打造資料職涯、玩轉社群。

　　期待你閱讀完本書，能感受到四位作者想拉你入坑的熱情，為你分析所有曾遇到的失敗，以及傳授成功技巧。資料的世界持續演變，期待你帶著收穫及好奇持續前進。如果有什麼疑問、建議或回饋，歡迎你到 Taipei dbt Meetup 跟我們交流。Feedback is a gift，期待收到你的禮物。

● 特別感謝

　　感謝一開始艦長推坑及指點，沒有艦長幫我們起頭，這本書不會開始；還有 iThome 鐵人賽、博碩出版社的 Abby、俊傑、美編等協助，引導我們從完全沒寫過書的大外行，解鎖這個人生成就：成為作者。

　　感謝 dbt Labs，有 dbt 才有這一切，也感謝兩年來協助 Taipei dbt Meetup 的 Amada。感謝 Taipei dbt Meetup 的朋友們，跟你們交流是我們想分享的動力；尤其感謝幫忙試讀的朋友們：Sam、Wei-Hao、Alan、Laurence、Ansel、Kevin、Shu-Ting、Ted、高晟、Even，真的需要多雙眼睛從不同視角再看過，讓這本書變得更好。還有 Richard、CL、艦長熱心推薦，感謝你們的支持與指導，讓我們有信心出版這本書。

　　最後，想感謝我們的家人，四位作者中有兩位剛當爸爸，也是努力擠出時間寫書跟開會討論。還有我們自己！感謝一開始分工清楚及寫作過程的互相包容、補位，寫書工作不只寫書而已，回頭看能完成這本書真是奇蹟。也感謝看到這裡的讀者，希望你有所收穫。

● 名詞解釋

英文	出現在書中的中文翻譯或說明	第一次出現的章節
ad hoc	特定目的、臨時	2-2
Airflow	以 Python 開發的工作流管理系統，能幫助開發者做標準化及重複性的流程	1-2
Analytics Data	分析資料	1-3
Analytics Engineer	分析工程師	1-1
Analytics Engineering	分析工程	1-1
BI	Business Intelligence，商業智慧	1-1
Big Data	大數據	1-3
Business Analyst	商業分析師	10-1
CI/CD	Continuous Integration/Continuous Deployment 或 Continuous Delivery	2-3
CTE	Common Table Expression	3-2
DAG	Directed Acyclic Graph	2-2
Data Analysis	資料分析	1-1
Data Analyst	資料分析師	1-1
Data Catalog	資料目錄	11-6
Data Consumer	資料消費者	0
Data Driven	資料驅動	2-3
Data Engineer	資料工程師	1-1
Data Engineering	資料工程	1-1
Data Flow	資料流	2-2
Data Governance	資料治理	1-2
Data Informed	資料啟示	2-3
Data Infrastructure	資料基礎建設	5-1
Data Literacy	資料素養	1-2
Data Modeling	資料建模	0

英文	出現在書中的中文翻譯或說明	第一次出現的章節
Data Pipeline	資料管道	5
Data Platform	資料平台	1-3
Data Practitioner	資料實踐者	0
Data Producer	資料製造者	0
Data Products	資料產品	10-4
Data Quality	資料品質	5-1
Data Science	資料科學	1-3
Data Scientist	資料科學家	1-3
Data Stack	Data Stack 是從軟體工程的概念延伸而來	1-2
Data Vault	資料金庫	8-2
Data Warehouse	資料倉儲	1-2
Dataset	資料集	3-1
dbt	data build tool	1-1
dbt Cloud	dbt 產品名稱	1-1
dbt Core	dbt 開源軟體名稱	1-1
dbt Labs	dbt 公司名稱	1-1
Deploy	部署	3-2
Deployment	部署	3-2
Develop	開發	3-2
Development	開發	3-2
Development Environment	開發環境	3-2
Dimension Table	維度表	8-2
Dimensions	維度	2-4
Documentation	文件化	4-3
ELT	Extract、Load、Transform	1-1
Empower	賦能	10-3
Entity	實體	9-1

英文	出現在書中的中文翻譯或說明	第一次出現的章節
ETL	Extract、Transform、Load	1-1
Extract	資料提取	1-1
Fact Table	事實表	8-2
G&A	General and Administrative	10-3
Hashing algorithm	散列演算法	9-1
IDE	Integrated Development Environment 整合開發環境	2-6
Insights	洞察	1-2
Jinja	基於 python 語言中的一個模板引擎	6-3
Lagging Indicators	落後指標	11-8
Leading indicators	領先指標	11-8
Long Format	長表	8-2
macros	將邏輯封裝成可重複使用的元件	6-3
Materialization	實體化方式	3-3
Materialize	實體化	3-3
Metrics	指標	2-4
Modern Data Stack	現代資料棧	1-2
Modularity	模組化	2-2
OLAP	Online Analytical Processing 線上分析處理	1-3
OLTP	Online Transaction Processing 線上交易處理	1-3
One Big Table	大表、寬表	8-2
Operational Data	日常交易的資料	1-3
Package	套件	3-6
Production Environment	正式環境	3-6
Query	查詢	2-2
Reinforcement	強化	11-5
Relational Database	關聯式資料庫	1-3
Relational Model	關聯模型	1-3

英文	出現在書中的中文翻譯或說明	第一次出現的章節
Reusability	重用性	9-1
Reverse ETL	反向 ETL	8-1
ROI	Return on Investment	10-3
Sandbox Project	沙盒專案	2-1
Scalability	擴展性	9-1
Scheduled Query	排程查詢	2-2
Self-Service Analytics	自助式分析	1-2
Software Development Best Practices	軟體工程最佳實踐	1-1
SQL	Structured Query Language	1-3
Star Schema	星型模式	8-2
Streaming	即時	11-6
Subquery	子查詢	0
Tall Format	長表	8-2
Transaction	交易	1-3
Transform	資料轉換	0
Transformation	資料轉換	0

● 版權出處

- dbt 採用 Apache 2.0 Open Source License。

- 圖 2-4 及圖 2-5 dbt Taipei Meetup #2 為投影片截圖，取得原著 Richard Lee 的授權。

- 圖 11-4 PaGamO 資料診所運作方式為投影片截圖，取得原著 Bowen Kuo 的授權。

- 圖 13-3 Wei-Hao 自我介紹完後發問的 Slack 畫面，取得 Wei-Hao Li 的使用同意。

- 圖 13-4 Karen 找到 Allen 一起申請 #local-tw 的私訊畫面，取得 Allen Wang 的使用同意。

- 本書使用的所有 icon 均來自 Freepik（https://www.freepik.com/）

Note

博碩文化

博碩文化